LOCUS

LOCUS

LOCUS

LOCUS

touch

對於變化，我們需要的不是觀察。而是接觸。

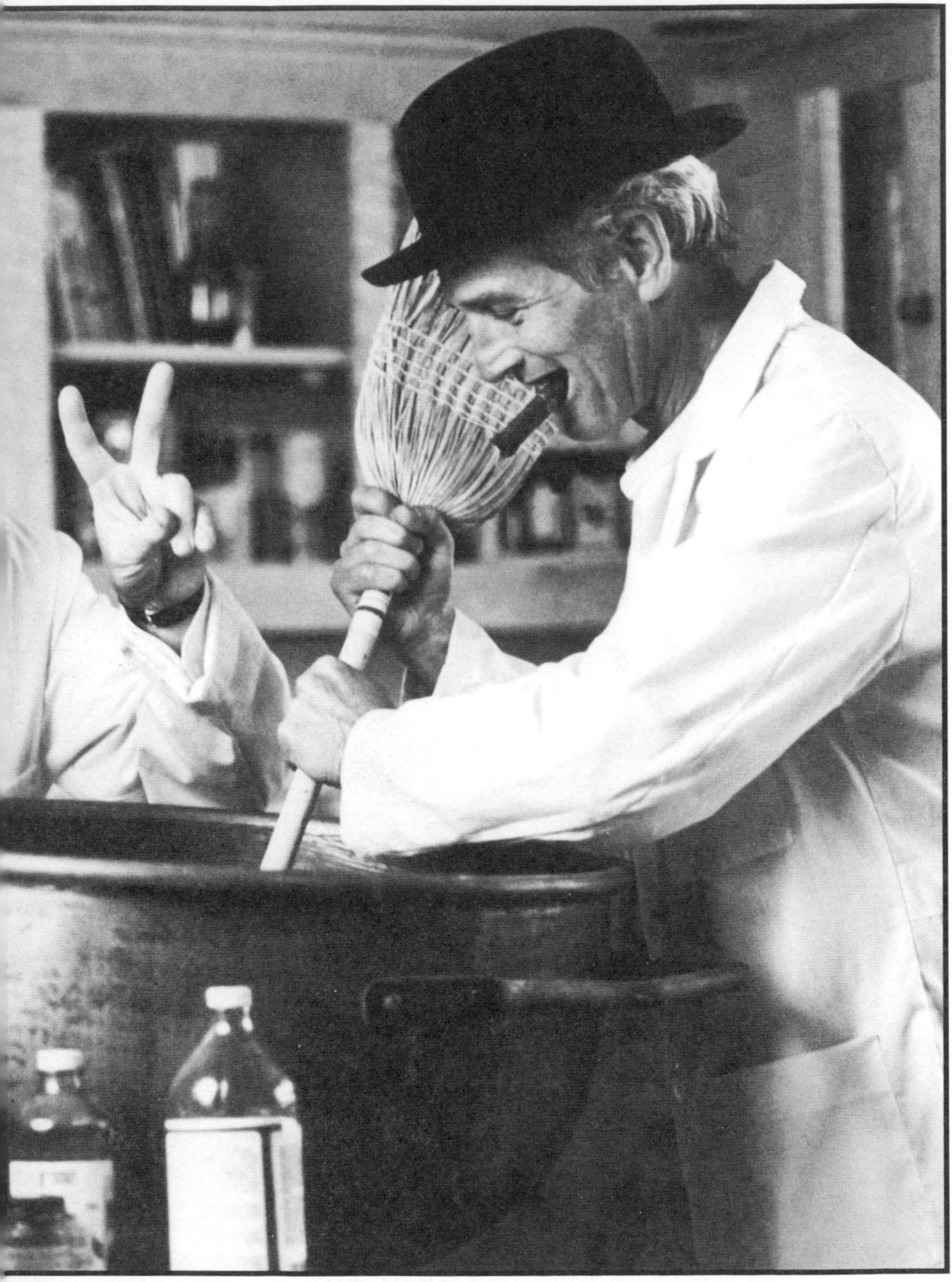

保羅・紐曼、義大利麵醬，以及他的奇怪搭檔

a *touch* book
Locus Publishing Company
11F, 25, Sec. 4 Nan-King East Road, Taipei, Taiwan
ISBN 986-7600-65-7 Chinese Language Edition

August 2004, First Edition
Printed in Taiwan

保羅・紐曼、義大利麵醬，以及他的奇怪搭檔

作者：Paul Newman & A. E. Hotchner
譯者：黃佳瑜
責任編輯：湯皓全　美術編輯：林家琪・謝富智
法律顧問：全理法律事務所董安丹律師
出版者：大塊文化出版股份有限公司　e-mail: locus@locuspublishing.com
臺北市105南京東路四段25號11樓　**讀者服務專線：0800-006689**
TEL:(02)87123898　FAX:(02)87123897
郵撥帳號：18955675　戶名：大塊文化出版股份有限公司

總經銷：大和書報圖書股份有限公司　地址：台北縣五股工業區五功五路2號
TEL:(02)89902588（代表號）　FAX:(02)22901658
製版：瑞豐實業股份有限公司
初版一刷：2004年8月

定價：新台幣280元

CONTENTS

目錄

謹將本書獻給安・戴森博士及愛莉絲・特李林——
牆上窟窿幫深深悼念的兩位偉大女士。

FOREWORD 前言

有時候，事情的結果正是你心中想要的，卻不是你預期見到的情形。照理說，紐曼私傳應當是個毫不起眼的小公司——羊皮紙標籤，貼在典雅的古董玻璃酒瓶上。我們一路做著失事沉船的心理準備，豈料一次又一次的驚人轉折接踵而來。我們繁衍滋長，彷彿如願骨（wishbone）花園中的野草，又如金融機構庫房裡的銀兩。許多時候，我們以爲自己打入一檔，其實是排入倒檔；但這似乎無關痛癢。我們原本以爲一年會有一千兩百元的銷售毛額以及六千元損失——就算賭博贏錢也無濟於事；但這二十年來，我們掙得的利潤超過一億五千萬元，如數捐給不計其數的慈善機構。如何解釋這樣驚人的成就？純粹運氣使然？超脫靜坐？馬基維利式的機心巧詐？空氣力學？大腸水療？

我們全沒半點概念。

PL及AE

PART ONE

牟利

在這個莫名其妙又糊裡糊塗的人生命數之中，運氣是決定一切的關鍵要素。生命裡每一個重大時刻，總會出現許多能力在伯仲之間的人物。他們之中，將由造化分出高下，決定誰會成就偉大事業，誰會被冠上桂冠殊榮，而誰又會沒入荒煙蔓草、無聲無息。

——威廉・伍沃德（William E. Woodward）

CHAPTER 1

一九八〇年十二月，聖誕節前一週，康乃迪克州西港市的地面覆蓋著一層靄靄白雪，空氣裡散發著壁爐柴火釋放出的濃烈煙味，家家戶戶張燈結綵，歡樂的耶誕歌聲此起彼落。然而，我們卻在保羅的改造穀倉——某個農場曾經拿這兒當馬廄——地底下活做歹做著。這兒有一整桶拿冰塊鎮著的百威啤酒，一整排裝著橄欖油、醋、芥末醬和各種調味料的瓶瓶罐罐，一個空的大木盆，和一堆看來可以追溯到獨立戰爭時期的陳年酒瓶。這些瓶子的形狀尺寸各不相同，都爲了此刻這檔子事而稍微消毒清潔過。

保羅．紐曼——朋友們都叫他「老傢伙PL」或「Calezzo de Wesso」（笨瓜）——請他的哥兒們A．E．哈奇納（「哈奇」，有時又叫做「鋸齒」）幫忙，一塊兒在這地下室裡進行一項聖誕計劃。這地下室可不是一般人心目中想像的地下室；又厚又硬的大石頭、泥土地、斑駁剝落的水泥，頭上的橫樑還掛滿了仍在持續擴大地盤的蜘蛛網。此外，還有三座廢棄多時的馬棚，然而那股錯不了的馬臊味至今仍徘徊不去。乾掉的糞肥碎屑零星的散落一地，跡象顯示，目前仍有某些野生動物住在這裡。在這樣的地方調製沙拉醬，還眞是別具一番風味。

我們的計劃，是要在洗衣盆裡攪和，調配出一大缸的PL特製沙拉醬，然後用漏斗裝入舊酒瓶，再塞入軟木塞、貼上標籤，等到聖誕夜來臨，我們兩大家子就會挨家挨戶向街坊鄰居高唱耶誕頌歌，分送PL的沙拉醬作禮物。

PL對他的沙拉醬可得意的了，而這當兒正是他沙拉歲月的顚峰（譯註：Salad Days，美國俚語，意指少不更事的青春時期，在此為雙關語）。這些年來，PL對餐廳提供的沙拉醬一律敬謝不敏，堅持採用自己的配方，即使在四星級大飯店也不例外。服務生領班（有時甚至勞動餐廳老闆大駕）急忙張羅保羅要的材料，每每讓鄰座客人看傻了眼。我們初次到伊蓮小館（這是紐約最入時的餐館之一）吃飯時，一大堆侍者和伊蓮本人全都兜攏了過來，看著保羅調配從餐廳廚房拿過來的材料、品嚐醬汁的味道。這幕景象重複在各種用餐場合中上演，例如在一間希臘小館、一場婚宴、一家露天餐廳、在埃留特拉島上（Eleuthera），以及東岸到西岸之間的各大高級餐館裡。孩子們赴外地求學時，保羅總會裝兩瓶沙拉醬讓他們帶在身邊。有一回，一家館子錯把他們自己的醬料淋在沙拉上，保羅竟端著沙拉走進洗手間，沖掉醬汁，拿紙巾擦乾，然後再回到座位，煞有介事地淋上他自行調配的沙拉醬；醬汁原料還是從餐廳廚房裡要來的。

當時幾乎所有沙拉醬——尤其是一般市面上賣的都含有糖、人工色素、化學防腐劑、膠類，還有一些老天才曉得的玩意兒。保羅之所以開始調配自己的醬料，眞正的原因不僅是口味偏好而已，也是爲了抵禦那些不可忍受的人工添加劑。

那天晚上，地下室裡的工作似乎沒完沒了。我們從來沒試過調配一大缸的沙拉醬，更別提把一九二五年的糖漿罐軟木塞，塞進一八九五年的陳年醋瓶子裡去了——特別是在幾瓶啤酒下肚之後。槌子有時啪一聲擊中軟木塞，有時不偏不倚地敲到我們的大拇指。保羅還不習慣應付如此大宗的醬料，因此小心翼翼地度量橄欖油和醋的份量。而就這數量而言，他決定得用到六盒黑胡椒。

當他拿木槳來攪拌醬料時，簡直就跟瘋了沒啥兩樣。一條小河傍著他的屋子流過，這根木槳八成就是從他的獨木舟上拿來的。保羅抱持個觀念，認爲橄欖油和醋具有某種殺菌效果，所以東西不必洗刷得太徹底。撇開這個不談，他還把哈奇的搖槳技術批評得體無完膚。他堅持搖槳動作必須保持平穩流暢的節奏，這樣才不會產生泡沫。但哈奇就是抓不住訣竅。「你必須順著木槳的律動，」保羅說道：「不要直直的往你身上拽，要揮舞，要打旋，順著木槳的律動。」哈奇說他確實照做無誤，但是灌了四瓶啤酒之後，假使太順著木槳走，恐怕會一頭栽進水缸裡。保羅回答，只要不是臀部先落水，就沒有太大關係。

在我們辛苦幹活的幾個鐘頭裡，偶爾會有人過來露個臉——管家卡洛琳、珍妮（譯註：指保羅．紐曼的夫人珍妮．華德），或保羅的某個孩子。但是他們夠聰明，都知道在門邊打住。陳年馬尿和發霉的味道，如今跟百威啤酒和沙拉醬原料的香氣摻雜在一起——一種並不特別誘人的組合。所以他們站在門邊，通知我們晚餐準備就緒，或瑪格莉特姨媽來了，或是警察打算吊銷保羅的駕照。保羅回說我們還得幹活，聞言者似乎都迫不及待地拔腿就跑。沒人膽敢闖進來，這兒是一方禁地，又或者是一塊聖地。

預備用來餽贈的確切瓶數，一瓶瓶像步兵隊伍似的在泥地上排排站好。不過，槽中還剩下相當數量的沙拉醬。保羅此時突發奇想，動了將剩下的醬料裝瓶，兜售給地方上一些高檔的食品店，賺點小錢，然後釣魚去的念頭。但是曾經是法學院陣前逃兵的哈奇踩了煞車：「那是違法的。」他扯開喉嚨吼道：「看看這個地方，連蟲子都沒辦法活了！誰要是吃了這勞什子而丟了命，你就得吃上官司，連個責任險的保護都沒有！到頭來，你會賠上這個地下室和地上的一切家當。某些標準和法規是必須遵守的——衛生，這是最重要的，還有適當的標籤說明。反正就是些官方規矩！」

由於事關穀倉存亡，保羅同意辦理保險手續、製作適當的標籤、找一家眞正的充塡工廠，然後看看是否銷得出去。

這就是我們事業發端的經過——不是出自經理人的構想，而是從水槽開始；眼下沒有半個睿智之士，只有一名過氣的電影明星和一個專唱反調的作家。就是這樣了。

你可能在行銷學上連奪高分，卻在現實生活中栽了個跟頭。

——保羅・紐曼在艾柯卡的福特斑馬車著火之後對他如是說道。

CHAPTER 2

時間是一九八二年，我們坐在全美行銷界龍頭老大的會議廳裡。該公司總經理坐鎮在一張光可鑑人的長桌旁，五名部門主管隨侍出席，各個都是在美國市場行銷新商品的專家。陣仗非常嚇人。我們面前桌上擺了一支瓶子，原先是用來裝奇安蒂（Chianti）紅酒的，現在則裝了橄欖油和醋調製成的沙拉醬；而這就是今天會議的主題。

「兩位先生來對地方了，」總經理對我們說道：「我們替全美最大的幾個品牌行銷新商品，其中包括麗比（Libby's）、亨氏（Heinz）、德爾蒙特（Del Monte）、康寶（Campbell's）和卡夫（Kraft）。您的沙拉醬若要問世，就必須完成許多龐雜而瑣碎的工作，我們可以在這些細節上帶給您指數型的學習曲線。」

「事先掌握一般民眾對貴商品的可能反應，是絕對不可或缺的。所以我們會派遣人員前往全國各地，廣泛蒐集深入座談會的資料，受訪民眾將包括各種族裔背景、經濟能力、年齡層、性偏好、速食用餐習慣、穿什麼樣的鞋或不穿鞋、用不用身體除臭劑等林林總總的特質。我們將走遍全國，到購物中心一類的地方詢問民眾對瓶身、品牌和口味的觀感——我們會請他們拿生菜、蕃茄、洋蔥、高麗菜和香腸沾醬嚐一嚐味道。然後還有定價一類的問題——您得替我們定個價格。接下來，或許在七場或八場座談會之後，我們可以針對討論結果進行交叉分析、深入研究，好讓您知道如何調整產品屬性，以便一推出市面就造成最大轟動。」

「那得花多少錢？」我們問道。

「得視座談會的討論深度而定，大約在三十萬到四十萬美元之譜。好，一旦準備全面上市，您就得學著應付物流、促銷、廣告和公關——我們以往只跟亨氏、卡夫之流的市場要角合作，據他們估計，推出一項新商品起碼得斥資一百萬元；這就是頭一年的一般法則。我們會教您殺入大型商店的方法，您得和他們談條件，尤其是A&P和克羅格（Kroger's）一類的大企業——好比說折扣啦、買二送一、免費贈品等等——只為了讓您的沙拉醬擺上貨架。然後教您如何避免被擠到貨架最底層，如何避免被一層層塞滿卡夫和衛斯朋（Wishbone）的貨架壓得喘不過氣來；這些品牌可都是放在視線水平的地方。新商品的成功機率跟賭輪盤差不多，即使是最大型的企業巨擘，也曾出現一些代價高昂的挫折——例如康寶的冷凍湯罐、嘉寶（Gerber）的「成人」食品線、納貝斯克（Nabisco）的巨型奧利奧餅（Oreo）。最後，我們還得談談名人商品的歷史——凱倫會向各位介紹。」

「名人商品自成一格，」穿著訂做套裝、身材苗條修長的金髮女郎凱倫說道：「這兒說的不是潔蜜瑪姨媽（Aunt Jemima）、小瓦人貝蒂（Betty Crocker）和莎拉莉（Sara Lee）等虛構的角色，也不是指商品代言人，例如出現在飛蹄（Wheaties）早餐穀片盒子上的運動明星，而是指那些創造出專屬商品的名人——例如格拉奇亞諾（Rocky Graziano）的義大利麵醬、曼托（Mickey Mantle）的烤肉醬、萊恩（Nolan Ryan）的全明星水果點心（All-Star Fruit Snacks）、范德比特（Gloria Vanderbilt）的沙拉醬、傑克森（Reggie Jackson）的糖果、亞斯特詹斯基（Carl Yastrzemski）的大亞斯麵包（Big Yaz Bread）、佛斯坦博（Diane von Furstenberg）的面紙、布拉斯（Bill Blass）的巧克力、柏根（Polly Bergen）的龜油、瑪麗蓮夢露的梅洛紅酒、帕克（Fess Parker）的葡萄酒、達倫（James Darren）的義大利麵醬、狄勒（Phyllis Diller）的辣椒醬、席門斯（Richard Simmons）的噴霧式沙拉醬、拉索達（Tommy Lasorda）的義大利麵醬、聖羅蘭的香煙、法蘭克辛納屈的領結——這些全都是名人下海促銷商品，結果卻令人大失所望的失敗範例。就拿格拉奇亞諾來說好了：他是個家喻戶曉的職業拳擊手，中量級冠軍，曾經和東尼・札萊（Tony Zale）演出幾場轟轟烈烈的對決，而且還涉足演藝圈，連續在綜藝節目和電視影集之類的節目中露臉。格拉奇亞諾卯足了勁宣傳他的調味醬，但除了一開頭買氣喧騰一時，之後就陷入死寂、被撤下貨架——消費者出於好奇買了一罐，就僅止於此。食品業界從未見過眞正成功的名人商品。我們估計名人商品在初始階段的虧損，約莫接近九億美元之譜。」

「人們在食物上的花費可精的很，他們在餐桌旁圖的可不是娛樂，而是爲了享受美食，享受在預算範圍內購買得到的美食。」

「喏，別讓這些話打消了信心，」總經理在哈奇洩氣地垮下臉時說道：「凡事總有第一次，輿論反應是沒人能說的準的——政治界、汽車業、時尚、音樂，隨便你說。這是一場賭局，但假使我們深入研究焦點座談會的內容，根據結果修正您的商品，又假使您有足夠資金撐過頭一年的損失，我認爲相對於一敗塗地，應該有四成五到五成五的贏面。」

「無意冒犯您，紐曼先生，」凱倫接著說：「光是基於欣賞你所扮演的布曲・凱塞迪（譯註：Butch Cassidy，保羅・紐曼在《虎豹小霸王》中的角色），並不代表人們就會欣賞你的沙拉醬。」

「或許我們應該取名『瑞福私傳』（譯註：Redford's Own，勞勃・瑞福在《虎豹小霸王》一片中與保羅・紐曼演對手戲）。」

「這樣也好不了多少。」

「我只想找個代罪羔羊。」

我們謝謝他們花了寶貴的時間，表示會好好地想一想。我們一路無話，默默穿越停車場，走到紐曼的福斯汽車前。紐曼原先爲了裝載一組福特V8引擎，就把這輛車的後座給拆了。

上路後，我們針對剛才聽到的訊息交換意見，一致認爲自己擬定計劃才屬上策：

邀請十來位親友鄰居矇著眼睛試吃，拿我們的沙拉醬和所有領先品牌一較高下，這種做法只要四十元成本就可以打發，不必花到四十萬元。一會兒之後，保羅提議我們各出資兩萬塊作爲創業資金。這話讓哈奇猛然向前蹎了一下，一頭撞上儀表板。這筆金額叫他頭昏眼花，聲稱兩萬塊錢遠遠超出他的能力範圍。他承認手頭上有一萬二，但又說這筆錢是賭馬贏來的彩金，得用來清償積欠的房租——儘管他住的是自己的房子。最後，雙方決議分攤「腦力激盪」下列出的工作任務，哈奇負責跑腿，保羅則負責籌措創業基金。

當時，我們正在高速公路上，以紐曼慣常的九十英哩高速馳騁。那天下午，我們省下了一百三十二萬元，兩人心中都覺得暢快無比。

每當完成一件善事之後，我總得立刻做點什麼不良勾當，這樣，我才知道自己不會落得心力交瘁。

——保羅在一九八五年於加州比佛利山的樹屋上跌下來後對珍妮如是說道。

CHAPTER 3

事實上，「紐曼私傳」（Newman's Own）這個名字，原本並沒有打算用在瓶裝沙拉醬上頭，而是替我們預備在西港——這是我們目前定居的地方——開設的餐館而取的。開設紐曼私傳餐廳的構想，源自於我們倆乘船海釣的一個午後。我們的牛屎號（Caca de Toro）是一艘相當破舊的老船，還採用那種掛在船舷外的老式發動機。它三不五時就要在長島海灣中央賭氣罷工，害我們非得顏面盡失地勞動港警巡邏艦拖回碼頭不可。我們在遠征釣魚的過程中喝乾了好多瓶啤酒，但說來悲哀，從來沒半條值得一提的魚兒上鉤——偶爾逮到一尾角仔魚、鰻魚、寄居蟹和錐齒鯊，水母跟塑膠器皿倒是很常見，但沒什麼是可以放進鍋子裡煮的。

四周釣客不斷收繞釣線，拉起一條條青魚、條紋鱸、比目魚、石首鱸和剛剛產完卵的鮭魚，我們只能在一旁眼巴巴地妒火中燒，埋在百威啤酒裡借酒澆愁。有一次，我們前往巴哈馬的戰艦岩礁（Man o'War Cay）海釣，這裡因豐沛的海鱸魚群和該地著名導遊——山姆船長的專業能力而名聞遐邇。我們在那兒待了三天，山姆船長全程窩在船舵旁唉聲嘆氣發牢騷，之後便宣佈歸隱退休。

話說回來，由於這天沒逮著什麼午餐，我們的腦筋自然而然就轉到食物上頭。但是想來想去，就是想不出當地有哪家餐廳能引起我們的胃口。

我想，我們應該開一家餐館。PL說道。

開在哪兒呢？

誰曉得！或許就在碼頭附近，省得我們走一大段的路。

你要在停車場蓋一棟全新的建築？

人總得搞點名堂嘛。我爲它取了個名字——紐曼私傳。它會是一家簡單的美式餐廳：美味漢堡（二十%到二十一%脂肪，兩度送入絞肉機研絞）、帶穗的新鮮玉蜀黍、馬鈴薯皮、琳琅滿目的沙拉吧配上我們的特製醬料、誘人甜點加上陳年醇酒。點份五塊錢的漢堡（我們談的可是一九八〇年的事）和一瓶產自拉菲酒堡的百元美酒，豈不美哉？

嗯，那你瞧我們倆在餐廳裡作些什麼呢？

噢，我負責吧台，你就當個笑臉迎人的跑堂。

嗯，人們從四面八方湧入這個由電影紅星壓陣的吧台，捧著馬丁尼坐在那兒，拿他們的傻瓜相機擷取特寫鏡頭，和超級明星觥籌交錯。是這樣沒錯吧？

挺美的畫面，不是嗎？

嗯哼，若是以下這樣的畫面怎麼樣？來了一票人，八個採蠔的漁民和他們特地燙了頭髮、噴了香水的老婆。兩巡馬丁尼下肚之後，八名漁夫圍住笑臉迎人的跑堂質問：「我們大老遠從格勞斯特跑來，準備和他乾一杯的那個巨星酒保上哪兒去了？」喔，笑臉迎人的跑堂回答，這會兒他本人正偷得拍片期間半日閒，在巴里島的海灘上曬太陽呢，對不起得很。這八位帶著燙了頭髮、噴了香水的老婆，迢迢從格勞斯特趕來的採蠔漁夫，於是把笑臉迎人的跑堂揍了個屁滾尿流。

這個嘛，哈奇，凡事都得付出點代價。

接下來幾週，我們踏遍這一帶地區，尋找那塊可以豎起「紐曼私傳」餐廳招牌的特殊地點——一間叫做維拉諾的義大利餐館才剛結束營業；一家中餐館遷離他們位於卡瑞吉山的二樓店面；河畔一棟歷史悠久的大樓內，有一間傢俱店正改建成旅社，預計在頂樓開一間餐館——但這些地點都配不上我們的老饕天堂。紐曼啓程拍攝新片之後，我們追尋店面的衝勁暫退，但他經常從他的拖車上打電話過來，討論紐曼私傳餐廳的籌備事宜。

一天，這兩人和一位友人的朋友不期而遇。這位仁兄先前經營過餐館生意，現在改行賣鞋子。他一指戳進PL的胸膛，單刀直入地說道：「我們店裡總是擠得水洩不通，可是一分利潤也看不到。我被削鱉了，削鱉了！服務生和收銀台狼狽爲奸（記得，這可是在電腦時代來臨以前）！他們蒐集一堆收銀機發票，從兩塊五到幾百塊錢都有，每張發票之間的差額是一毛錢。客人帳單若是四十九塊五，他們就從發票堆裡找出一張四十九塊五的發票，客人付了帳，收銀機響都沒響，四十九塊五直接落進他們的口袋——眞正讓我寒心到屁股結凍的是——他們還收了小費當紅利！」

那根指頭從PL的胸膛移開之際，開設餐館的念頭顯然也跟著煙消雲散。

CHAPTER 4

和行銷大師教人氣餒的會面之後，我們決定拜訪本地一家超級市場，勇敢迎戰競爭品牌。這家超市是那種橫跨兩條大馬路的怪獸之一，食物鏈上每個品項都在他們庫存之列，就連地球軌道上的商品也不放過。乍見沙拉醬販賣區的第一印象，說保守一點，是叫人望而生畏的。一排挨著一排，整面牆擺滿了所有叫得出名字的沙拉醬。但是當我們隨意瀏覽瓶身上的標示，可以清楚看出它們都含有某種化學防腐劑、增甜劑、人工色素、膠類成分，在在都是純天然的紐曼私傳棄而不用的。

要在這堵玻璃防禦工事殺出一道缺口，其勝算的確令人怯步，但是話又說回來，這整件事的挑戰性正是它有趣的地方。挾帶著瓶裝沙拉醬殺進重圍，對我們而言是一場遊戲，一次未知的冒險。我們倆是大衛，對抗著一望無際的卡夫和衛斯朋葛利亞

（譯註：Goliath，聖經中被大衛殺死的巨人）。我們孤注一擲，投入四萬元資金，等到資本用罄便鳴金收兵，就像你在拉斯維加斯輸光預定的賭本之後鞠躬退場一樣。我們的勝算和賭輪盤不相上下，但是管它的哩！我們得找個充塡工廠、印製標籤、申請保險，然後聽其自然。

打一開始，我們就故意跟傳統背道而馳。如果專家說某件事「總是」怎麼做的，我們就偏偏自行其是——有時正好是恰恰相反的做法。所以，我們最早捨棄傳統式樣的瓶子不用，試著找來某種酒瓶，可惜後來得知裝配線的機器設備無法處理長頸的器皿，或我們偏愛的其他奇形怪狀，只好勉爲其難地接受一個較符合一般慣例的容器。

籌備過程最困難的一環，莫過於尋找替我們分裝醬料的充塡工廠了。我們耳聞康乃迪克州北部有一名酒商，他擁有一座小葡萄園，自家釀的白酒自己裝瓶。於是，我們驅車北上參觀他的作業流程，但後來發現，他的裝配線是由五個放學後過來幫忙的高中小夥子組成的。其中一人扭開酒桶的水龍頭進行充塡，一瓶接著一瓶；另一人負責敲打軟木塞瓶蓋。第三人貼上標籤，第四人在軟木塞上封箋，第五人則將酒瓶裝箱。不用說，這組課後人馬並不是替我們充塡沙拉醬的解決方案。我們還遠赴北卡羅萊納州會見一家大型充塡工廠，但發現他們只對十萬瓶以上的大量作業感興趣。

我們開始考慮找人合夥。在此念頭驅策之下，我們就近和位於諾沃克的比奇洛紅茶（Bigelow Tea）公司展開接洽。可惜他們並不看好我們的沙拉醬，因而謝絕了我們的提案。我們甚至異想天開地動了自組充塡工廠的念頭，就開在附近一個曾經經營充塡生意的廢棄廠房。不過，想到聘用工人和經營工廠這些個勞什子工作，就叫人頓時萌生退意。

有一次，哈奇跟布魯克林一家美乃滋充塡廠約好見面。他並不怎麼熟悉工廠所在的布什維克區，傻呼呼地開著他那輛一九六一年份、嵌著白色面板的大紅色Corvette跑車前往赴約。這是個不祥之地，汽車往往在轉瞬間消失無蹤。哈奇把車子停在工廠正門口，渾身抖得像風中落葉一般，深恐這是自己對那Corvette的最後一瞥。不過，他決定犧牲Corvette，只求換來一家或許能幫他賺大錢的充塡工廠，讓他的年收入遠遠超過目前僅能糊口的程度。附近站著一個小夥子——說他的名字是喬伊——哈奇付兩塊錢請他顧車，姑且一試。

哈奇被搜了身，讓人領進一間擠滿了人的辦公室。穿越霧濛濛的雪茄煙幕，他看到房間中央有一張大桌子，五個大男人懶洋洋地倚在周圍的椅子上。他們都繫著色彩鮮豔的領帶，小指上戴著誇張的鑽石尾戒。他們請哈奇坐下，敬了他一支煙和一杯杉布奇甜酒。哈奇向來最討厭杉布奇，卻勇敢地一飲而盡。這些人顯然正為了什麼事而吵得面紅耳赤，現在暫時停火，把問題擱在一邊。書桌後頭的那個傢伙負責發言，他的手掌有如捕手手套那麼大。

「看來，小伙子，你和那個叫紐曼的演員想要搞沙拉醬，打算找人幫忙裝瓶，是嗎？好的。你們用橄欖油吧？那敢情好。那就是我們上場的地方。事實上，那正是我們的地盤。瞧瞧那頭的玻璃架⋯不，不是那個擺槍的，是那個放著安布瑞爾橄欖油的。那就是我們——要多少橄欖油就有多少橄欖油。你用我們的橄欖油，我們替你的沙拉醬裝瓶，你們要多少沙拉醬就有多少沙拉醬。帶他看充填線，沙爾。」

沙爾站起身來，身材恍若垂垂老矣的NBA中鋒。他領著哈奇穿過一扇門，通往正在充填美乃滋的裝配區。哈奇原以為會看到賀爾門式（譯註：Hellmann，美國著名的美乃滋品牌）光亮整潔的景象——一群穿著白袍、包著頭巾的工人，專心地看管一列列消毒殺菌過的罐子；哪曉得，他見到的是一排服裝不整、頭髮凌亂的人，身穿亂七八糟的破舊便服，沒戴手套或頭巾，在罐子從牛步般的輸送帶上經過他們身旁時，毫無章法地把美乃滋裝入罐子裡。沙爾的名字，說不定跟沙門式菌有什麼淵源。

「這樣吧，小鬼，」書桌後頭的教父說：「橄欖油算我們的，利潤五五對分，但我們得掛安布瑞爾的名字，而不是那個——你是怎麼說的？」

「紐曼私傳。」

「不，不掛這個牌子。」

「我會再通知你。」

「通知什麼？這事兒就這樣定了。」

「我得和紐曼談談。」

「爲什麼？」

「他是我的合夥人。」

「打電話給他。」

「現在不能煩他。」

「爲什麼不行？」

「他的醫生說他快死了。」

「打電話給他。」

「是！我把他的電話號碼留在車上了，馬上回來。」

Corvette在地上劃過的胎痕至今猶存，爲哈奇驚魂未甫猛踩油門的動作，留下了一道不可抹滅的明證。

CHAPTER 5

哈奇之所以能保持動力，全靠紐曼執意要沙拉醬問市的強烈慾望。保羅難得有一天不從哪個莫名其妙的地方捎來電話，討論在他尋尋覓覓之下最新發現的那完美的橄欖油、完美的紅酒醋、完美的芥末醬等等食材的供應來源。他打電話給哈奇的時間背景，包括在幾場賽事之間從賽車場上、在《無心之過》（*Absence of Malice*）與《大審判》（*The Verdict*）的拍片期間從行動更衣室中、在代表核子凍結運動致詞的途中從飛機場上，甚至有一次，他在替日本拍攝小組錄製咖啡廣告時打電話過來，那群日本人吱吱喳喳的刺耳聲音襯底之下，根本聽不清楚他到底說了些什麼。

這些電話最首要的目的，就是促成他的獨門沙拉醬裝入瓶子上市的願望——裝入一個在適當標籤上背負著紐曼私傳這個招牌的瓶子，一個準備好公開展售的瓶子，一個能讓我們趾高氣昂地給當初不看好我們的人一點顏色瞧瞧的瓶子。

保羅向來無法苟同沾沾自喜的態度。他的理論是，他得讓事情保持失衡，否則就沒戲可唱了。這就是他之所以在人們說「四十七歲起步太晚了，你難不成瘋了？」的時候開始學習賽車的原因。他花了十年時間才掌握箇中訣竅，頑強的韌性是他成功的秘訣，一個老頭子奪得全國冠軍。這份執拗也是他接演許多危險角色的主因，促使他勇闖未曾踏過的地方，甘冒摔了個狗吃屎的風險。沙拉醬這檔事也冒著同樣的風險；一個演電影的傢伙和他那搖筆桿的哥兒們頑強地逆勢操作。就像布曲和日舞小子（譯註：Sundance，《虎豹小霸王》片中另一名亡命之徒，由勞勃・瑞福飾演）縱身躍入商業和行銷峽谷——就算超市裡的鯊魚沒有宰了我們，墜落峽谷也會要了我們的命。這是件瘋狂輕率的事，就像一隻大黃蜂或一架直昇機；它們根本沒有飛行的道理，但是話又說回來，世上就是有萊特兄弟的存在。

早在大學時代，保羅就展露出推動生意創舉的能耐。他唸的是俄亥俄州甘比爾市的肯揚學院。當時，退伍軍人就學津貼愈來愈少，爲了貼補費用的不足，保羅便投入了洗衣事業。

學校聘用的洗衣公司，原本的做法是前往學生宿舍，逐一收取每間房間的待洗衣物。後來，保羅跟洗衣公司談妥生意，說好只要讓洗衣公司到城裡的某個定點集中收取衣物，就可以大幅壓低洗衣費用。保羅在甘比爾的半開發地區，一條塵土飛揚的馬路旁邊租了間廢棄店面，稍加整修，然後到校刊上登廣告，聲明任何一位將髒衣物帶到他店裡送洗的顧客，都可以免費喝一杯啤酒。算一算啤酒成本、店租和付給洗衣公司的成本，再算算他向顧客收取的洗衣費用，保羅一週可以賺上八十塊錢，換算成今天的價值，大約是每週五百元的利潤。保羅後來在大四那年，把生意頂讓給一個朋友，無巧不巧，大約一個月之後，一名免費啤酒喝過頭的顧客戴上拳擊手套，搖搖晃晃地走上街頭，然後開始替綁在樁上的馬兒打起手槍來。管理當局勒令停業，整間店宣告倒閉。

我們持續尋找充填工廠，鍥而不捨地追蹤每一個頭緒。然而，那些徒勞無功的經驗卻開始打擊我們的熱忱。剛巧有一天，我們在附近一家熟食店買醃牛肉三明治，突然心血來潮地問起老闆，知不知道地方上有什麼充填工廠。「不知道耶，」他說：「不過我有個客人是個食品代理商，他或許幫得上忙。」

這名代理商叫做大衛・卡爾曼，是個短小精幹、手腳伶俐的人，渾身散發出業務老手特有的那種淺薄的樂觀態度。大衛在食品業界打滾一輩子了，現在的東家是一間叫做東北代理商的小公司。我們和他碰面，解釋我們尋找小規模充填廠的需求，只需要幫我們充填幾瓶就好。他說沒問題（這是他的口頭禪），但不久之後，問題顯然很大，因爲他帶來兩位男士，捧著一份正式的提案書，說明他們三人將成立公司生產我們的獨門沙拉醬，然後支付紐曼一筆權利金。兩位男士當中有個投資銀行家，另一位則是納貝斯克的前任高階首長。看來我們的起跑出了點差錯——大衛，不要合夥人，不要滿口承諾的創業家，只要一間充填廠。大衛，一間小型的充填廠，明白了嗎？大衛明白了。「好吧，」他說，「我誤會了。」

大衛・卡爾曼一行人露出如此高度的興趣，強化了我們推動事業的決心。我們聯絡上一位朋友，他曾擔任奇異電器的最高執行長（傑克・威爾契曾在他麾下工作），也曾在RJR納貝斯克和標準品牌（譯註：Standard Brands，美國老字號的食品公司）扮演數一數二的角色。我們就私傳沙拉醬的市場勝算徵詢他的意見。「這個嘛，」他說：「你們得面對卡夫，他們在貨架上佔有十五瓶的排面，還得對抗衛斯朋和其他半打品牌，所以我認爲你們沒什麼機會。你最好透過郵購管道進行銷售，例如在《紐約客》（*The New Yorker*）雜誌的封底登廣告，宣佈保羅．紐曼生產私傳沙拉醬的消息——人們寄來他們的支票，你們就郵寄一瓶過去。」

我們從那些所謂的業界專家得到許多忠告，不是苦勸我們躲掉這一路下去必死無疑的命運，就是提供郵購沙拉醬這類令人啼笑皆非的解決方法。沒有一家大型的商業化充填工廠把我們當成一回事。在我們潑了幾次冷水之後，大衛的熱忱也開始消退，不過，他最後還是幫我們打探出一個叫做安迪．克羅利的充瓶商，而這正是我們心目中最理想的充瓶商典型。克羅利經營的肯恩公司是一家小型充填工廠，坐落在波士頓郊區，專門爲肯恩牛排館提供瓶裝醬料，同時也替停車購物超市（Stop & Shop）代工充填超市自有品牌的沙拉醬；克羅利的父親正好是這間超市的沙拉醬採購員。

卡爾曼和克羅利約好在波士頓羅根機場碰頭，但他首先需要取得私傳沙拉醬的配方。保羅正準備收拾行李出遠門，出發之前，他撥空抓了個牛皮紙袋，在上頭草草寫下沙拉醬所需的原料。機場會議中，卡爾曼就直接把這紙袋遞給克羅利過目。

安迪．克羅利回憶道：「大衛．卡爾曼打電話給我，說他代表紐哈奇公司——我猜這是他們取名紐曼私傳之前用的名稱——然後要求我在羅根機場跟他碰面，聽聽他代表這家新公司提出的計劃。我從未見過卡爾曼，但業界盛傳他精明幹練又積極任事，所以我決定聽聽他的說法。他說他的客戶是電影明星保羅·紐曼和一位寫過海明威傳記及其他著作的作家，也大約描述了保羅打算裝瓶以便推出市面的沙拉醬。他給我看一個紙袋背後鬼畫符般的沙拉醬配方。我決定仔細研究，回辦公室途中，我寄了張備忘錄給我當時的合夥人，這張紙條我現在還留著：『或許，這些人最後證實不過是一群烏合之眾——一名演員和一個作家，最糟糕的是，還有一個推銷員——但要試探他們究竟有多認眞，花不了我們幾毛錢。』」

「我把配方拿給生產部門，請他們盡速調配一些樣品。這份配方最不尋常的地方，在於它跟市面上絕大多數瓶裝沙拉醬不同，並不採用低油脂含量、蘋果醋、洋蔥乾和大蒜等省下大量成本的手法；大衛拿給我的配方，完全不添加這些用來延長保存期限的工具。」

安迪後來向我們說明，由於紙袋上的配方不含膠質和化學螯合劑，產品會在短時間內腐敗。他力勸我們添加某種化學劑來解決商品壽命的問題。我們拒絕了，我們的沙拉醬預備標榜「純天然」，意味著絕對不含化學藥劑一類的鬼玩意兒。

安迪勉強同意將我們的配方交給他的化學研究人員。當時，「純天然」這個詞在沙拉醬市場上是聞所未聞的，所以他對這份配方的前途也不抱任何希望

然而，結果卻大出安迪意料之外。經過測試，他的化學研究人員認爲，由於保羅的沙拉醬含有油脂、醋和芥末，這些成分經結合形成一種天然的膠質。這個幸運的巧合令我們喜出望外，但安迪又提出另一個問題：我們的配方不含當時用來保存商品貨架壽命不可或缺的ＥＤＴＡ（乙烯二胺四醋酸）。「假使瓶裝醬料無法在貨架上保存一年左右的時間，」安迪解釋：「超級市場恐怕無法接受。在現行技術中，ＥＤＴＡ是唯一可以用來黏合水中鐵質和銅質的方法，水中的鐵和銅假使未受束縛，就會對油脂產生災難性的效應。」

「兩位老兄在膠質問題上算是走運，但你們現在放著現成的方法不做，偏要自己搞一套。打從我入行以來，所有大公司的化學研究人員就一直在使用這些黏合劑了。食品生意實際得很——裝在瓶子裡的玩意得有一定的貨架生命，否則什麼都別提了。試試比平常少一半劑量的ＥＤＴＡ吧。你怎麼說？」

我們毫不退讓。純天然意味著絕不添加任何化學劑。

爲此，安迪的化學人員讓他挨了一頓苦頭，但他們終究還是替我們的配方做了有效期測試。結果出乎他們預期之外。研究人員發現，製造芥末的過程當中，芥末籽經研磨會釋放一層黏液，不僅具有天然膠質的特性，也能達到EDTA的一切功效，只不過是以天然的方式達成的。另外還有一項意外因素對我們有利：由於橄欖油（由於成本過於高昂，當時並無其他沙拉醬採用橄欖油作爲原料）擁有濃郁的堅果氣味，味道強烈，醬料就算略爲腐壞也嚐不出來。反觀當時一般使用的黃豆油，就會在短時間內露出酸敗的氣味與口感。

「我個人對保羅私傳沙拉醬的觀感，」安迪說，「是它的確不同於當時市面上任何一種瓶裝沙拉醬。配方上要求的原料——紅酒醋、橄欖油、芥末——讓它比別人昂貴，但也爲它帶來更特殊的風味，更濃烈的味道。紅酒（就我所知，從來沒有任何沙拉醬以紅酒作爲原料）賦予它一份與眾不同的味道，我個人是不偏好衛斯朋和卡夫那種非常強烈的味道的，尤其討厭它們鹹的要命。」

「現在，我們的問題是要在原料之間取得完美平衡。接下來幾個星期，我來來回回地兩頭跑，試著調配一瓶讓紐曼和哈奇納滿意的醬料。但是每次寄了樣品過去，他們總是提出新的要求，指示我們加入這樣、那樣的原料。我們最後決定收手不幹了。起初，我對於和演員、作家打交道這一回事，心裡就存有疑慮，看來我最初的判斷正確無誤。這些請求實在叫我們疲於應付。爲什麼我們不能採用整粒研磨的胡椒取代一般的胡椒粉？你能不能將沙拉醬裝到酒瓶裡，而不是一般常見的瓶子？爲什麼我們不能用新鮮的大蒜和洋蔥取代乾燥過的？你能不能在瓶中放入香料枝，像是一枝百里香？漸漸地，我們快被他們逼瘋了。」

安迪打一開頭就憂心忡忡，他不僅對保羅匆匆塗在紙袋上的配方缺乏信心、對我們在味道上的斤斤計較不以爲然，更懷疑這份打著電影明星的名號當招牌、缺乏企業後盾的風險事業能有多認眞。風險，再加上純天然不含防腐劑、以強勢的橄欖油、不同種類的醋，以及瓶裝醬料從未嘗試過的辛香料爲食材的沙拉醬，稱得上是破天荒的創舉。此外，安迪心知肚明，就算他能靠著紙袋上的配方調配出可行的沙拉醬，但是產品要擠進早已被一整打不同口味的卡夫沙拉醬、另一整打的衛斯朋，加上隱谷（Hidden Valley）、瑪茲提（Marzetti's）、亨利兄弟、伯恩斯坦（Bernstein's）和其他不計其數的品牌塞爆的貨架，機會是多麼渺茫。

我們在保羅的廚房裡精心調製一批醬料是一回事，要在商業化的充填工廠取得同樣效果，就完全是另一回事了。六個月期之內，安迪寄給我們三十批以上的樣品，但是我們每次總會要求修改一點，試著讓原料達到意想中的平衡，以便讓我們在保羅廚房中調製的那種風味絕佳而獨特的沙拉醬，能夠完美呈現於瓶中。保羅行蹤飄忽不定地在攝影機前拍片，或是哈奇忙著從事劇本或文學著作的事實，更讓整件事情雪上加霜。

安迪捎來他打算放棄的訊息時，意味著一切得從頭開始。我們雖感到灰心，卻仍決心付諸實行。

正當事情看來最黯淡無光之時，情勢還往更深的暗處發展。

——P．L．紐曼於一九四八年對華特．孟岱爾如是說道（譯註：Walter Mondale，美國前副總統，對話發生當時，二十歲的孟岱爾還在明尼蘇達大學就讀）。

CHAPTER 6

尋找新的充填工廠，將是一趟艱鉅而吃力的旅程；我們決定在一頭栽進去之前，先看看自己能否在競爭對手面前站得住腳。卡夫和衛斯朋的口味，是否跟我們的旗鼓相當或甚至更勝一籌？要是這樣，我們或許應該打退堂鼓，反正原本看來就希望渺茫。於是，我們假借本地一個叫做瑪莎．史都華（譯註：Martha Stewart，美國生活美食界名女人，此刻應該尚未成名）的外燴師傅家裡，舉辦了一次試吃大會；瑪莎和她的丈夫安德魯，偶爾會替我們家的宴會提供外燴服務。我們在二十個同款碟子裡放進知名品牌的樣品，其中一碟是我們的私傳沙拉醬，然後邀請二十來位的左親右鄰品嚐試吃。碟子外只貼上號碼，無法識別品牌。我們準備了漱口用的水杯，還有堆積成山的用來沾醬的生菜葉。試吃者以一分到十分的標準，給每一碟沙拉醬評分，然後紀錄在便條紙上。私傳沙拉醬的命運如今繫於一線之間。假使得分很低，我們大概就永無翻身之日了。這群白老鼠試吃員慢條斯理地沾醬、咀嚼、漱口、評分。漫長的等待是很折騰人的，不輸給首映之夜等候影評時心裡所承受的煎熬。結果揭曉，除了兩票之外，我們大獲全勝，而那兩票也給了我們第二名的高分。瑪莎認爲我們大勝競爭對手，但她建議在瓶中放入一片新鮮的月桂葉，可以增添私傳沙拉醬的風味。卡爾曼表示此舉的確能提昇口味，但由於沙拉醬的充瓶工作將在輸送帶上以每分鐘六十瓶的速度完成，恐怕無法找到身手夠靈便的工人，能在瓶子飛奔而過之前擲入一葉月桂。我們一開頭諮商的那家行銷公司，可能會譏笑整個採樣過程的粗糙，但對我們而言，這項判決證實了我們走的路子還沒出現什麼閃失。保羅當下冊封我們自己爲沙拉王（他自稱新英格蘭的沙拉之王），隔天，他的律師里歐·倪瓦茲爲我們籌組公司，以律師事務所辦公室做爲我們的通訊地址。然而，我們此刻還沒有標籤或保險——事實上，甚至連一瓶裝好的沙拉醬都還沒見著——但已經掛上兩個響噹噹的職銜了：沙拉王公司總經理P·L·紐曼，副總經理A·E·哈奇納。

CHAPTER 7

我們一邊開始重新研究合適的充填工廠，一邊著手替八字都還沒一撇的瓶子設計標籤。食品大師曾經警告我們，食品標籤的設計是一件很微妙的工作，要達到差強人意的效果就已經難上加難，因此最好找那少數幾位專門設計標籤的繪圖藝術家替我們效勞。當然囉，只消聽到事情向來是如此這般做的，就足以讓我們反其道而行。保羅知道他的一位賽車手夥伴——山姆．波西娶了個藝術家，於是連絡上她。儘管她沒有製圖經驗，但還是願意大膽一試。我們一開始屬意那種帶有羊皮紙特質的標籤，可惜那些早期成品看來太濫呑了，無力和競爭者的標籤一別苗頭。

這段期間，保羅投入了鮑伯．夏普——獲得廠商贊助的Datsun（日產汽車前身）車隊老闆——的車隊旗下，他們倆是老交情了。前往萊姆岩（Lime Rock）參賽途中，保羅提到了我們的沙拉醬事業。鮑伯建議我們見見他的朋友——在鄰近的諾沃克擁有一家大型超級市場的史都．李奧納。

我們隨後跟史都一塊兒吃了頓午餐，他提出警告（正如我們已經聽過無數次的），他賣過的名人商品全都一敗塗地——好比羅傑．史塔巴哈（Roger Staubach）的花生醬和格拉奇亞諾的義大利麵醬（據他表示，這鬼玩意兒即使在匹茲堡也賣不出去）——而這些商品之所以銷路不佳，是因爲商品本身毫無特色可言。「假使你的沙拉醬眞的不壞，」史都說：「那事情就很有搞頭了，因爲光靠你在標籤上露臉，就可以打開銷路賣出第一瓶。」

「咳！」保羅驚呼：「我在標籤上露臉？」

「那還用說！要不然怎麼勾起顧客的注意？你說你不準備打廣告的，那麼，顧客要如何得知那是你的商品呢？」

「上面明寫著紐曼私傳嘛！」

「他們搞不好以爲是從紐澤西的大城紐渥克來的西摩．紐曼呢！如果不把你的臉印在標籤上，你絕對連第一瓶都賣不出去，我敢跟你打包票。」

「在沙拉醬瓶身上出賣我的臉皮？見鬼的免談！」

「貨色好又何妨？你是幫顧客一個大忙。這樣吧……我來辦一次試吃。假使你的沙拉醬口味獨特、標籤出色，我叫肯恩公司的安迪·克羅利替你裝瓶，同時在我店裡大肆促銷，讓你的生意一飛沖天。」

「我不認爲你在克羅利那兒能有什麼搞頭，他已經回絕我們了。」

「兩位先生，」史都說：「我是安迪的最佳顧客——我賣的肯恩商品，比他其他顧客加起來的還多。如果你的沙拉醬確實有料，我保證他會替你裝瓶。」

我們坐在牛屎號上，望著魚竿興嘆。沙拉王的總經理和副總經理正在進行一場高階會議，究竟何者會先沉沒——這艘船或這份事業——心裡全沒個數。保羅仍怏怏地琢磨那個俗不可耐的建議——在沙拉醬瓶身上賣臉皮。儘管我們沒有因成功遠景而喜形於色，但就算非得這麼做才能讓新事業開張大吉，那也將刷新圖利手法格調最低的一頁。保羅覺得：「把我的臉貼在賓士或富豪汽車的擋風玻璃上，或許還說得過去……但沙拉醬？」

我們順著海潮漂流了一會兒，悶悶不樂地望著魚竿上毫無動靜的浮標。哈奇提議，或許是把整個餿主意拋到腦後的時候了。浮標猛地沉了一下，保羅拉起一隻寄居蟹。

「你知道嗎？哈奇，這其中或許存在著某種正義。我經常上電視宣傳新片，電視免費得到我和我的時間，而片子得到免費的曝光機會——可說是相互且循環的剝削。現在，假使我們爲了塡飽荷包而降格走下三濫的路，那就差勁透頂了。但如果降格以求，是爲了踏上崇高的道路——爲行公益而不顧體面地牟利——那就是個値得硬幹的想法，一種互惠的交易協定。」

於是，他和他的寄居蟹雙雙下海，準備好大顯身手。

假使我們曾擬過什麼計劃，事情恐怕就砸鍋了！

——PN在鸛鳥俱樂部的尿斗旁自言自語。

CHAPTER 8

史都・李奧納致電安迪・克羅利，表示保羅・紐曼曾經親自到店裡拜訪他。「他徵詢在我的牛奶廠充塡沙拉醬的可能性，想要拿裝牛奶的同一條作業線替他的沙拉醬充瓶。但我說這兩種商品並不相容。我帶他繞到擺著肯恩沙拉醬的販售區，提議由你替他裝瓶。但是保羅表示：『這個嘛，我已經跟克羅利打過交道，可是他決定放棄不幹。』」

安迪承認這是事實，因爲「他們要求添加整顆的胡椒粒、貼上布做的標籤、『可以放根香料枝在裡面嗎？』……哇，一群瘋子！這些傢伙根本不知道自己在幹嘛。」

史都和他的看法相同，但仍要求安迪來店裡針對現況共商大計。「我們在店裡辦了一場大型試吃活動，紐曼的沙拉醬排名第一，所以說，我們應該想個法子好好幹它一票。」

會議上，史都身兼斡旋和帶動氣氛的角色，保羅則帶了罐自製的沙拉醬和一大包生菜葉，整場會議裡只見他不停拿生菜沾醬，吃得津津有味。安迪花了兩小時說明做生意的基本道理，他記得有那麼一刻：「我談到現金折扣時，保羅插嘴問道：『那是什麼鬼玩意兒？』」

最後，歷經數小時討論，史都打斷他的談話說道：「好了，安迪，夠了！我打算著手去做。我預備買兩千箱，你要不要裝瓶？」

「除了答應之外我還能說什麼？」安迪說道：「他是我最大宗的客戶之一，我要是膽敢說不，恐怕得一溜煙衝出門外——他會把架上剩下的肯恩沙拉醬一古腦兒塞到我的車上，而我只好打包袱回波士頓去了。」

「不過在離席之前，我費了九牛二虎之力取得了保羅和哈奇的讓步。我指出我們已排除膠質和EDTA，但新鮮大蒜和洋蔥會引發很可能讓整個配方凝結的成分。沒人用新鮮的大蒜和洋蔥，因為它們具有活性且不穩定。我的態度堅定——他們非得和大家一樣，採用乾燥過的原料不可。成品還是純天然的，只不過是經過烘乾處理罷了。這樣可以嗎？」

我們雖不情願，卻也只好默默認從。這是我們第一次向傳統低頭，卻是一個叫我們很快就後悔的決定。

而他自問，天啊，我們究竟掀起了什麼？

——沙拉王於一九八二年在香港對哈奇納如是說道。

CHAPTER 9

我們如今已正式入行，但是心裡打定主意不讓它變成正經八百的工作。我們設計一個仿拿破崙式的字母「N」，周圍以桂冠環繞，套在瓶子的頸身上。標籤上寫著「Nomen Vide Optima Expecta」（「見此名，可料口味第一」）和「Tuto Naturale」（「純天然」），隱然揶揄競爭品牌那些老掉牙的廣告詞。而在一般公告版權的地方，我們則寫著「Appellation Newman Contrôlée」（譯註：仿效法國酒商的法定產區認定標示法，意指「產自紐曼特區」）。我們的廣告標語是「創自二月的精饌美食」，嘲諷那些吹噓自己歷史悠久的企業。瓶身背後的標籤上，記載著一篇傳奇故事，這是日後出現在我們所有商品的眾多傳奇故事之開山祖。

> 為什麼？為什麼行銷這純天然、紮紮實實、叫人耳目一新的沙拉醬？簡單一句話——鄉親鄰里。多年來在聖誕佳節期間，我和我的老哥兒哈奇納總會分裝沙拉醬餽贈親友。讚美聲震耳欲聾，再一罐的索求蜂湧而至。今年，我們被栓在火爐前，直到調配好三十加崙的醬料為止——一個因卓越而失去自由的囚奴。夠了，我說，公開販售吧！我要衝出地下室，飛到貨架上！
>
> ——P・洛奎斯多・紐曼

愛倫・波西的精美設計歷經十多次修改之後，終於提出一個可以讓我們總經理大人滿意的版本。如今，我們已點頭同意安迪・克羅利調整過的配方、買了適當的保險，肯恩慢吞吞的裝配線也正充填我們的第一批成品。史都・李奧納在超市外大馬路旁的巨型告示板上，張貼一則顯眼的廣告：歡迎你，保羅・紐曼。這是一大錯誤，因爲數百名顧客湧進店裡，拒絕離開，整個超市爲之癱瘓。史都另外搞了個促銷花招。他在一排排擺著紐曼私傳沙拉醬的貨架旁，堆了一簍像山一樣高的洋萵苣，插上一個大牌子：保羅紐曼的私傳沙拉醬，每罐一塊一毛九，買兩罐送一顆洋萵苣。丟人現眼的圖利手法依然活靈活現地招搖撞騙。促銷板旁邊，是一幅大得嚇人的照片，我們倆穿著《虎豹小霸王》的戲服，史都站在我們中間；照片上方的大招牌聲稱：布曲・凱塞迪也是個美食師傅。一萬瓶沙拉醬在兩週之內銷售一空，肯恩的生產線必須日夜加班趕工。

我們認定史都・李奧納的業績是小地方才會出現的現象，所以仍舊計劃將鋪貨工作侷限於地方上的商店。然而這時，A&P和大聯盟（Grand Union）這類大型連鎖超市開始向我們打探。大衛・卡夫曼也表示他接到一家特殊食品進口商（中西部規模最大的幾家之一）的電話，訂購一卡車的貨。

保羅叫大衛回絕這些訂單，「告訴他們，我們不過是個小型的地方性公司，只打算做本地的生意。」大衛骨子裡的業務員天性無法苟同這道命令——拒絕A&P？所有大型超商？大衛心裡浮現出佣金像煮熟的鴨子飛出窗外的畫面。「你不能這麼做，」他斬釘截鐵地說：「這是違法的，有一條聯邦法律禁止銷售上的歧視行爲。」大衛指的是羅賓遜—柏德曼法案（Robinson-Patman Act），該法案規定「任何人從事商品販售時，若對特定顧客提供優於其他買家的優惠條件，即屬違法行爲…」面對這樣的現實環境，我們知道紐曼私傳將突破它的藩籬，開始擁有自己的生命。我們小小的玩笑、異想天開的四萬元冒險，就像劇中人或書上的角色，突然間掙脫枷鎖逃離作者的掌控，而你只能束手無策地說：瞧那小傢伙變成什麼樣！我們不知道紐曼私傳會帶領我們通往何處，但它毫無疑問地鼓漲著動力，蓄勢待發。

我們沒有辦公室、沒有記帳人員或任何員工，甚至連一具電話都付之闕如。創業之初，我們的律師請他的簿記員替我們設計帳冊，另外，我們在他事務所對面租了間兩房的辦公室，就坐落於西港市郵政道路一家銀行的樓上。由於我們還靠一開始投資的四萬塊撐著（付了標籤和其他林林總總費用之後還剩下兩萬元），所以總覺得根基不太穩固。於是，與其花錢買辦公傢俱，保羅心想既然時序已進入九月，游泳池預備要封起來過冬了，不如就拿游泳池畔的露天家具湊合著用；我們共用的桌子（他的乒乓桌）上甚至還張起了一把海灘傘。保羅的乒乓桌權充會議桌，但我們唯一召開過的會議，就是在乒乓球技上交鋒。保羅將分數記在低矮的天花板上，但當他落後的頹勢已無法挽回時，他就找人來重新粉刷。我們在桌旁的牆上貼了張圖表，紀錄從九月開張到隔年一月的業績，一切從零開始。

我們如今正式登記成立S型公司（S Corporation），保羅是唯一股東。這有多重涵義，最主要的意義是不論盈餘高低，S型公司必須在每年十二月三十一日脫清資本，出脫所有利潤和權利金，然後在隔年一月一日向銀行貸款以維持營運。

依照食品業慣例，超級市場向來把進貨的貨款交給代理商，代理商扣掉佣金之後（優勢食品公司拿七％），再將餘額分給上游的食品公司。我們對這「傳統」瞥了一眼，就決定讓紐曼私傳創下先例：超級市場直接付款給我們，再由我們付佣金給代理商，這麼一來就可以早點拿到錢。我們還做了一件史無前例的事——我們和肯恩協議交貨二十天後付款，卻要求超級市場在進貨十天內付錢，這意味著我們手頭上絕不會缺錢來支付先前積欠的貨款。此外，我們也不必負擔庫存成本。肯恩只在訂單到手後出貨，而貨品直接從工廠送到顧客手中。

我們誤打誤撞想出此等安排，是因爲在我們的事業生涯中，出版社或電影公司遵循業界慣例，老是扣住我們的薪水達九、十個月之久，每每讓我們激憤難平。我們設計的制度巧妙而順暢地運作著——事實上，我們從未動用那兩萬塊錢，而另外的兩萬塊錢也在公司開張後六星期進帳。

做生意有三大法則，幸運的是，我們一概不知。

——哈奇納在一九八二年美國小姐選美大會中對莫妮卡·陸文斯基如是說道。

CHAPTER 10

時間是一九八二年九月，我們覺得排練夠了——是該正式登場的時候。我們那一點點菲薄的資本根本買不起廣告，於是我們決定轟轟烈烈地辦一場眞正俗不可耐卻能引人側目的上市活動。爲了貫徹我們的反叛哲學，我們摒棄四季飯店和「21」這類紐約市最光鮮耀眼的會場，而就東九十街和第二大道交叉口，一家地點冷僻、交通不便又鬧哄哄的燒烤酒館——漢瑞堤酒店。卡爾曼邀請了所有大型超市的採購主管與會，此外，我們聘用的一位獨立公關人員也寄了邀請函給報社、電視台、通訊社、雜誌社，一些媒體有的沒的。我們也請經常在《今天》節目上訪問保羅暢談新片的金．謝利（Gene Shalit）參加這次盛會。爲了突顯我們的沙拉醬，漢瑞堤準備了各式沙拉，一律搭配紐曼私傳的醬料，還請了一隊音樂造詣不甚了了的三人小組在自助式沙拉吧旁進行演奏。

我們在西港市的馬立歐小店吃午餐，商討即將在漢瑞堤舉辦的活動，試著想出一些天馬行空的造勢手法。哈奇拿吉伯特和蘇利文（譯註：Gilbert & Sullivan，十九世紀最受歡迎的輕歌劇音樂家）的一首曲子重新填詞，準備在上市晚會派上用場；而現在獨缺負責演唱的人。

保羅屬意找個跌破眾人眼鏡的人選——例如帕華洛帝（譯註：Luciano Pavarotti，當代三大男高音之一）。哈奇承認這確實是一大奇招，而且鐵定能引起各方矚目，但他懷疑帕華洛帝肯紆尊降貴地開口唱沙拉醬詠嘆調。保羅則是抱著「不入虎穴，焉得虎子」的老掉牙理論，打了幾通電話探聽消息，得知可以在舊金山一家飯店找到帕華洛帝。那時西岸時間是早上九點鐘，帕華洛帝被電話鈴聲吵醒。

帕華洛帝一頭霧水，弄不清是誰打電話來，究竟有什麼目的。等他終於理清頭緒之後，只能回答十分「dispiace」（譯註：義大利文，意指抱歉），無法應允，因爲該日已排定和舊金山交響樂團一同表演《丑角》（*Pagliacci*）一劇。到了這步田地，哈奇表示活動時間已迫在眉睫，保羅應該自己提槍上陣。「我的聲音活像冰鑽，」ＰＬ說道。

「好得很，」哈奇回答：「確保大家保持清醒。」

保羅在運轉的電視攝影機之前，伴著三位律師事務所員工的合聲，首度以準男中音的角色唱出：

（配合I Am the Very Model of a Model Major-General的旋律；〔譯註：這是吉伯特與蘇利文歌劇《彭贊斯海盜》中的一曲。〕）

我嚐遍食品百貨架上的沙拉醬，
它們的味道多半和嘔吐穢物沒什麼兩樣。
你在家裡調配的醬料也不必問，
它們叫來訪的無辜饕客挨一記悶棍。
但我還是寧可窩在床上吃著我的沙拉，
那就是你會在紐曼私傳裡嚐到春藥的原因。

合唱
那就是你會在紐曼私傳裡
嚐到春藥的原因，
那就是你會在紐曼私傳裡
嚐到春藥的原因，
那就是你會在紐曼私傳裡
嚐到春藥的原——因。

這就得說起瓶裡的真正用料，
我會坦白招供不要花俏。
長話短說，一入口中，
一切自會分——曉，
請儘管褪盡衣衫狂放地旋轉起舞東倒西搖。

合唱

長話短説，一入口中，
一切自會分——曉，
請儘管褪盡衣衫狂放地旋轉起舞東倒西搖。

為尋找恰到好處的橄欖油，我們穿越了萬水重洋，
尋找那最超凡絕倫的芳香，
從和煦的西班牙到葡萄牙再到川西凡尼亞，
豈料那玩意兒就落在賓夕法尼亞？

如今我們展開紅酒醋的追尋，
這兒嚐嚐那兒嚐嚐，喝得醺醺然兩眼茫茫，
芥末的尋覓也同樣費盡千辛萬苦，直到我們學了個乖，
發現所追逐的恰恰躲在哈奇家裡的廚房。

合唱
發現所追逐的恰恰躲在哈奇家裡的廚房，
發現所追逐的恰恰躲在哈奇家裡的廚房，
發現所追逐的
恰恰躲在哈奇家裡的廚——房。

那巧妙的香料是個不外傳的秘方，
純天然的做法可抵擋痢疾來訪！
如今我提出了所有強而有力的道理，
多希望人們稱我為美味沙拉醬之王！

合唱
如今他提出了所有強而有力的道理，
多希望人們稱他為美味沙拉醬之王！

慫恿保羅做了這場效果可疑的餘興表演之後，哈奇再度鼓起他那牛皮般的臉皮，要求珍妮配合羅傑斯與哈特（譯註：Rodgerts & Hart，美國著名的爵士樂作曲雙人組）作品Where or When的旋律，當眾表演一曲沙拉醬情歌：

你們找了媒體出席？

電視攝影機，一切該有的設備。

要我對著沙拉醬柔情蜜意地哼情歌？

那是羅傑斯與哈特的美妙曲子。

我知道那首歌。

嗯，這就是囉！

但是配上你的原創歌詞。

我不希望保羅孤孤單單地自己站在那裡。

站在哪裡？

我們搭了個小舞台。

在哪兒？
漢瑞堤燒烤酒店。
你們倆當真要替那沙拉醬全力衝刺？

珍妮見了歌詞之後略顯畏縮，但還是鼓起勇氣唱出：

有些鴛侶光溜溜交歡，
幹著相當淫蕩的勾當。
但對我們來說，
我們的習氣，
是分享性感的珍饈。
嚐過的美食記憶，
仍叫我垂涎欲滴。
美味佳餚

滑落你的刀叉——
炸洋蔥圈
伴川燙白肉——
聽我的肚皮高聲歡唱！

合唱
彷彿我們曾如此圍坐一同用餐，
剁碎的雞肝揉進糕點麵團，
記憶中的滋味妙不可傳。
今日的煙燻鮭魚和昨日的同樣味道，
貝果麵包配奶油乳酪確實左右著我們的運道，
你是處子而我在修道。
但當這道沙拉在你眼前一出，
你猛地一跳叫道：「就此還俗！」

如今，我的心肝，我們有了紐曼私傳，
灑在愛的沙拉上，
永遠永遠。

與會人士摩肩擦踵，將漢瑞堤酒店擠得水洩不通：三隊攝影小組、來自紐約各報和美聯社的記者、電影界人士、美食評論家，以及許多連鎖超市的總經理。保羅的吉伯特與蘇利文唱得中規中矩，珍妮爲沙拉醬情歌增添性感而調皮的味道，金．謝利則發表了這篇獨白：

過去這些年來，我一直等著看保羅．紐曼闖出一番大事業，但是預先調製好的沙拉醬還是完全出乎我的意料之外。我自然而然心存懷疑，有必要小心提防。於是我翻開存檔，回顧我對他的電影評論。《虎豹小霸王》相當精采，《刺激》（*The Sting*）也毫不遜色…但真正讓我心安的，是發覺自己是美國少數幾個懂得欣賞《五重奏》（*Quintet*）的人士之一。事實上，我是美國少數幾個看過《五重奏》

的人。有鑑於此，我料想試試一湯匙的沙拉醬應該無妨。我發現它那不尋常的滋味來自一種最不尋常的油——美孚機油（Mobil One）。這些醬料是在他Datsun跑車的曲軸箱裡，加入獨特香料調配而成的。事實上，為了進行測試，保羅最早把醬料用在他的Datsun 280ZX跑車上。這就是他今年在明尼蘇達州的伯萊納奪冠的原因。

他們需要取個名字，請來一位行銷專家——剛好是個女人——她提議叫做「保羅．紐曼的裸身」（譯註：Undressing，與沙拉醬的英文Dressing玩文字遊戲），於是被珍妮炒了魷魚。有一天，蘇菲亞．羅蘭打電話給我，我告訴她：「保羅．紐曼要推出沙拉醬。」蘇菲亞問我：「你說保羅．紐曼要推出什麼？」

一個老愛挖苦人的傢伙告訴我，要弄清楚這項計劃裡面真正的名堂，只要看看保羅拍過的一些電影片名就可以了——《騙子》（*The Hustler*，台譯「江湖浪子」）、《零用錢》（*Pocket Money*）和《不法行為》（*The Outrage*，台譯「西方羅生門」）。我拿這部片予以還擊：《偶爾出現一個偉大構想》（*Sometimes a Great Notion*，台譯「永不讓步」）。

今年對保羅來說將是非常特殊的一年：紐曼私傳九月間在此問世……《大審判》也將在十二月上映，保羅在這部精采的影片中有精湛的演出。很顯然，這段時間將是保羅的沙拉歲月。

漢瑞堤造勢活動廣受美國及海外媒體披載，隔天，訂單便如洪水般湧入卡爾曼的辦公室。他如今換了個東家，投效另一家代理商——優勢食品行銷公司。這些訂單來自Shopwell、A&P、Stop & Shop和其他連鎖超市，一車又一車的貨品載運到全國各地的採購人員手中。一般超市的下單頻率是一個月一箱，但紐曼私傳沙拉醬開始出現每週銷售三箱的佳績。我們異想天開的玩笑話，如今成了一項貨眞價實、不容小覷的生意，對天發誓，這一切的發生都是始料未及的。

我們很快進行拓展，遷進一間有電話、文具、傳眞機和影印機的三房辦公室，另外還聘請了一位職員——或至少是人員擴張的開始。萼蘇拉·關恩負責日常作業（往後十二年始終如一），瓊安·威廉斯負責記帳（她後來成了副總經理兼財務主管），潘·帕蓓則主掌慈善業務。不久之後，芮貝塔·皮爾森、南西·顧斐勒、瑪麗安·薛爾登和米契可·坎貝爾相繼加入陣營——這些女士構成了公司最初十五年裡的全體人員。

車子要是翻了，踩煞車也於事無補。

——O．J．辛普森在他白色的福特Blazer車中對其律師如是說道。

CHAPTER 11

私傳沙拉醬甫上市不久，第一篇吹毛求疵的評論就讓我們大感錯愕。這篇出奇不意的文章，出現在《紐約時報》美食評論家咪咪．謝瑞登對保羅的專訪報導中：

紐曼的私傳沙拉醬：油、醋與宣傳

一九八二年九月十五日（咪咪．謝瑞登撰文）

「我投入沙拉醬生意的原因，」保羅．紐曼說，「是因為頓悟自己需要一個不同的權力基礎。雷根成了總統之後，我發現自己手上的牌陷入殘局，而先前作為據地的權力基礎也不復存在。我明白若要掌握實力，就必須跨進商業界，而這就是了。」他解釋私傳沙拉醬——實際用料包括五十一%的橄欖油與沙拉油組合、紅酒醋、水、檸檬汁、香料、鹽、以及經烘乾處理的洋蔥與大蒜——並不盡然是他會在家中為自己準備的醬料。

「商品必須具有貨架壽命，這就是我們添加洋蔥乾與大蒜乾的原因。而且，假使採用純的橄欖油，一瓶八盎司的沙拉醬就得賣個四塊錢或九塊錢，不會只賣一塊一毛九。要是誰賣的價錢比那數字高得多的話，就是在牟取暴利了。」

儘管他認真聆聽關於油味難聞、洋蔥乾和大蒜乾過於嗆鼻的評語，但紐曼先生看待他這份新食品事業的心態，其戲謔程度卻遠超過一點點幽默感而已。他表示，他認為標籤上露一段法文會很有趣，於是出現了「Appellation Newman Contrôlée」和「L'étoile du vinaigre et de l'huile—l'huile et le vinaigre des étoiles」（「油與醋的明星——明星的油與醋」）這樣的文字。

紐曼先生表示自己喜歡簡單的美式食品，像是黃瓜三明治（「不過最好不要在這上頭著墨太多」）、小鱈魚、黑線鱈魚、漢堡、火雞和玻璃生菜。

紐曼先生滔滔不絕地說：「有些人會發春夢，我則是夢到吃的。夢醒之後，我就想吃夢中的食物。這表示我得有個滿滿的食品儲物櫃，因為都很難說會夢到什麼。」

「今早我什麼也沒吃，」他說，「因為昨晚夢到豬肝，而我最討厭豬肝了。這個沙拉醬就是我作夢夢出來的，毫不誇張。」他繼續說道：「配方主體來自某夜睡的一大覺，其他一些調整則是午休小憩時得來的靈感。前後大約花了一年時間才將配方定案，深受我們全家的喜愛，我要是得出遠門，五個孩子會叫我先做好一大鍋沙拉醬，這樣才能在我出門之後還有醬料可以淋在沙拉上。」

「我想，長久以來，這件事帶給我的樂趣遠勝一切。但請記得，這其實是我讓雷根知道他的沙拉歲月業已結束的方法。」

咪咪批評我們的沙拉醬有 股難聞的臭油味，洋蔥乾和大蒜乾的氣味也過於強烈。這樣的嚴辭抨擊讓我們心煩意亂，情況就像學校校長指出你的孩子具有學習障礙。這時，任憑安迪·克羅利的化學人員提出不祥的預警，我們仍堅決要求他們在樣品中採用新鮮用料。我們曾降低標準以求妥協，但絕對不會再犯同樣錯誤。

保羅親自打電話給肯恩工廠的化學人員，表示我們無論如何得想辦法採用新鮮的洋蔥和蒜頭。化學師傅不贊成，但保羅態度堅定。結果，肯恩嘗試各種方法，試圖消除新鮮洋蔥與蒜頭的負面效應。歷經一番實驗，發現如果將切碎的洋蔥和蒜頭放入預備用來製作沙拉醬的紅酒醋中，醃製兩個星期，直到著手調配沙拉醬時才從木桶中取出，這樣就可以維持新鮮風味，消除烘乾用料的金屬味道。這讓我們成爲第一家可以在標籤上標榜「新鮮」的沙拉醬。

新的沙拉醬在市場上大受歡迎。卡夫和其他大廠也迅速跟進，紛紛改用新鮮的洋蔥和蒜頭。不過，時至今日，絕大多數沙拉醬又回頭添加烘乾原料，因爲這種做法簡單，成本也低廉許多。儘管如此，紐曼私傳仍堅持採用新鮮的蔥蒜，就算需要以人工手法從桶子裡汲取原料，處理過程異常麻煩，我們也不改初衷。爲了達到純正風味，我們願意付出如此代價。此外，目前市場上絕大多數沙拉醬仍採用蘋果醋，那比紐曼私傳添加的紅酒醋便宜太多。

事情的發展結果，是另一次挑戰傳統而幸運成功的例子。我們的堅持，不僅導致研究人員發現採用新鮮蔥蒜而不影響沙拉醬貨架壽命的方法，也發現橄欖油、芥末、醋和其他調味料的組合，可以讓開瓶後的沙拉醬不需冷藏即可保鮮。這就好像佛萊明爵士（Sir Alexander Fleming）不小心發現後來成爲盤尼西林的黴菌一樣。

如今沙拉醬進入大量生產，我們擔心最初的品質是否能夠維持（可口可樂瓶中的老鼠就是經典案例）。我們開始定期逛超市，隨意拿一瓶我們的沙拉醬，帶回家，然後嚐一嚐味道。一陣子之後，我們明白這種方法不太科學，於是聘請一家專門檢驗工廠並隨機分析貨架商品的謝斯特公司替我們服務。過去二十年來，他們從東岸到西岸甚至到海外抽樣檢查我們的商品，提供巨細靡遺的嚴謹報告，讓我們得以監控供應商是否嚴格遵守我們的標準。

藍起司醬、千島醬還是保羅・紐曼？

PART TWO

追求

CHAPTER 12

雖說我們得鄭重其事地關照這份剛起飛的事業，但也從中得到許多樂子。我們在原已嫌擠的辦公室牆上，貼了一些將企業公告帶到一個全新——但非更高——境界的雋語箴言。已故的好友史提·卡洪是位才華橫溢的攝影師，在他鼎力幫忙之下，我們拍了一系列滑稽的搞怪照片說明創業始末。那天，保羅扮成布曲·凱塞迪，哈奇則活似變形走樣的日舞小子。我們在保羅的穀倉中玩得不亦樂乎，特別是那魔咒湧現的一刻，沙拉醬在試管和攪拌缸的助力之下翻騰迴旋地活了過來。

我們也喜滋滋地享受顧客來函的有趣現象。這些相當體己的個人信函，顯然有別於一般常見的顧客交流。代理商表示根據他們的經驗，顧客來函幾乎清一色以抱怨居多，但我們接到的信件可就不同了。這些顧客寫信的筆觸，彷彿是哪個遠房親戚捎來的家書。讚美與忠告，成千上百的來函。除了通篇溢美之詞的之外，還有表達感激和其他類似情感的來信：

敬愛的大人閣下：

一項奇蹟在我配著您的醬料享用沙拉時出現了。幾滴醬汁滴到鞋上，我趕忙拿了紙巾擦拭——活了八十一年，還沒見過我的鞋擦得如此錚亮。現在，我每天拿它擦鞋，順便淋在沙拉上。甚至試用在家具上，一樣有效。如此看來，這可是一分錢兩分貨的商品哪。假使人們知道您的沙拉醬還可以拿來擦皮鞋和家具，您的業績準會成長一成。

就您對商品的瞭解來看，相信您一定會在鞋油生意上大展鴻圖。

J・F・謹上

亞利桑那州土桑市

親愛的大哥們：

愛透了你們那橄欖油調醋的沙拉醬，最適合懶洋洋的平日午後，用在成人汽車旅館的美味三明治中。不過，問題就出在瓶子。

事情是這樣的，當時我正跨坐在我男朋友身上，底下是加大尺碼的大床，頂上是鑲著鏡子的天花板。緩緩而縱情的，我將購物袋拖到起皺的床單上，拽出一條法國麵包和幾片色澤紅潤的烤牛肉，眼睛從未離開那張慵懶而滿足、令人垂涎的臉孔。我剝下一大塊硬梆梆的麵包（手法和兩小時前扯開他的襯衫沒什麼不同），疊上幾片冰涼的牛肉，打開一罐全新的紐曼私傳，開始往還沒完成的三明治上倒——然後猛地發現我男朋友的胸肋和肚楠發出亮閃閃的光澤。是的！瓶口太開了，以至讓那可口的油和香料衝出瓶子，像一陣不受控制的奔流，徹底滲透麵包，滴到我男朋友裸露的皮膚上。

你如果沒辦法縮窄瓶口，可否至少在你那除此之外尚稱包裝得當的商品上，試用那些用來限制流量，產生類似啪啦——啪啦——啪啦效果的塑膠玩意兒呢？這會讓和我同樣處境的人好過許多。

最忠實的J・M・敬上

加州聖地牙哥市

過剩的好處是，再多來也不嫌太多。

——P・L・紐曼於一九八五年竊取自一位佚名詩人

全國各地的漫畫家開始拿我們的沙拉醬大作文章，這一來更突顯我們不敬的本質。保羅在許多電視訪問中現身，其中最著名的一次，是在金．謝利主持的《今天》節目中。金從皮包裡掏出一顆萵苣，保羅灑上沙拉醬，兩個人當場對著攝影機嚼得嘎吱作響。哈奇在全國性的報刊雜誌上發表關於這項事業的文章，我們還受到美聯社和其他專欄作家的大幅報導，但更重要的是大型連鎖超市採購人員對我們的盛讚。Stop & Shop的南北貨採購主管迪克．龐堤說：「這份沙拉醬的成功並非靠紐曼先生的名氣，或該公司非營利的性質，而是以口味取勝。它不同於其他沙拉醬，而且品質優良。人們買它的理由正如買其他商品——他們喜歡它。」A&P的行銷與企業事務副總麥可．羅克表示：「人們不會因爲形象而重複購買，他們必須喜歡它。私傳沙拉醬成功獲得顧客對商品本身的好評。至於廣告方面，強勁的公關活動（這是他們具備的）可以彌補廣告的不足，而他們掀起了龐大的輿論宣傳。林林總總的電視訪問以及食品編輯撰寫的文章和專欄——紐曼有能力投入的廣告經費，加起來還比不上此類公關活動的價值。」

辦公室牆上掛著六月至一月的銷售業績線，從十一月一日起便衝出圖表往牆上竄升，到了隔年一月更堂堂爬上了天花板。

隨著紐曼私傳開始跳躍成長，肯恩公司也不遑多讓。原先，他們的小工廠佔地一萬三千平方呎，另外還租了間四萬平方呎的倉庫。但為了應付紐曼私傳蓬勃成長的需求量，克羅利必須在速度上——以及隨後在規模上——大步躍進。他們一開始的充塡速度是每分鐘六十瓶，後來進步到一百二十瓶，到了一九八五年，他們在麻州馬寶羅市蓋了一座新廠，將速度提升到一分鐘一百八十瓶。如今在他們擴建改良後的工廠中，肯恩達到了每分鐘充塡四百瓶紐曼私傳的能力。為了跟上紐曼私傳的成長速度，他們從一般正常的八小時上班時間，演變成一天三個班次輪番上陣。在我們卓越表現的鞭策之下，肯恩靠著他們從紐曼私傳得到的利潤擴充生產線，如今，他們的自有品牌所滲入的市場，和紐曼私傳不相上下。即使雙方在同樣的貨架上正面交戰，他們仍然替紐曼沙拉醬進行充塡工作，而兩家公司對彼此的忠貞仍堅定不移。

敬愛的紐曼先生惠鑒：

我願讚揚並恭賀您那沙拉醬——紐曼私傳橄欖油調醋沙拉醬——的優越與多用途……前幾天，我於午休時間在沙灘上漫步；我通常都是這麼打發午休時間的。不過，那是在嚐過一頓清淡卻饜足的青翠沙拉，配上您特別的汁液——紐曼私傳橄欖油調醋沙拉醬——之前的事。話說回來，我在沙灘上漫步，就在索拉納海灘這個宜人的城市，而沙灘漫步唯一得宜的方法，就是光著腳走路……

當我打著赤腳返回工作崗位時，發現腳上黏了一大塊瀝青，顯然是散步途中踩到的……唔，紐曼兄（我可以稱呼你保羅嗎？），我還記得我的午餐和您那滋味鮮美的油醋醬料——但是您知道嗎？這醬料還真好用！在腳板上塗兩層紐曼私傳，它能毫不含糊地穿透油脂和塵垢，原先牢牢黏住的瀝青應聲滑落，真妙啊！您的產品不僅使齒頰留香，還可以充當絕佳的清潔劑——而且是可生物分解的——確實是一項四季皆宜的商品。

最誠摯的K．J謹上

加州海濱市

CHAPTER 13

雖說沙拉醬是兩個淘氣鬼的無心之作，是一次意外的驚喜，但義大利麵醬的問世，卻是精心策劃之下的仇殺，是保羅對一瓶令人倒胃口的義大利麵醬展開的復仇——傳言大約是這麼一回事。一天夜裡，保羅回到康乃迪克州的家中，發現屋子空盪盪的，廚房裡空無一物，只除了一罐從店裡買回來的義大利麵醬，孤零零地躲在櫥櫃一隅，貼在一包義大利麵條旁。保羅把麵條丟入滾水中煮熟，將醬料倒進鍋裡，攪拌一下，然後像頭餓狼般的大吃起來。豈料只吃了一口，他的食慾就立刻煙消雲散。蕃茄帶著苦味，糖、化學防腐劑和人工色素的味道強烈，吃起來就和我們一開始抽樣品嚐的沙拉醬一樣糟——這是一罐看起來像紅色機油的義大利麵醬。

保羅當下決定，我們需要端出一道新商品來拯救義大利麵老饕的世界，一個富含大塊蔬菜的醬料，絕不添加人工防腐劑、色素，或其他隱藏在罐子裡的那些噁心的黏液。

我們到超級市場買了貨架上看得到的所有醬料，發現毫無例外，它們全都淡得像水、口感極差、味道甜滋滋的，實在糟透了。從沙拉醬經驗上取得的心得，我們知道現在得找到一家獨立的小公司，能夠充填我們心中想要的那種醬料。我們也知道這有多麼困難。

我們在保羅的廚房烹煮一道醬料，裡面有煮爛絞碎的濃稠蕃茄醬、大塊大塊的蕃茄、紅椒與青椒、芹菜、洋菇、橄欖油、香料、洋蔥、大蒜，全都是新鮮食材，看起來料多味美。保羅行雲流水地寫下一篇預備貼在瓶上的傳奇故事，訴說著整個創造過程：

> 每天幹十二小時的活兒——身心俱疲——飢腸轆轆——回到家中，妻兒唱空城計——該死！瞄一眼櫥櫃——一包義大利麵條——一瓶大蒜蕃茄醬——趕忙跑到廚房煮麵——垃圾！啐！躺下來，打個盹——幻想美食佳餚——威尼斯先人搔著我的耳朵，搔著，搔著——閑話醬料——媽媽

> 咪呀！忙不迭衝到菜園——好吃好吃！——燒鍋滾水——麵條鮮活了起來——醬料也相得益彰——稀哩呼嚕——完美！極致！吃得咂咂出聲！我的天哪！醬料裝瓶！和街上素昧平生的朋友分享——噢，我啊，終得不朽！
>
> ——P．洛奎斯多．紐曼

現在需要爲此醬料命名，而我們想出的點子——紐曼私傳工業級純天然威尼斯風味義大利麵醬——嚇壞了我們的代理商。「工業級！人們會以爲是工廠用的，沒有人會買它來淋在義大利麵上。」我們照例對他們的「專家意見」置之不理，只吩咐卡爾曼專心尋找幫忙充填醬料的小公司。

碰巧，卡爾曼的公司也替紐約羅徹斯特一家小型義大利肉醬工廠——坎丁沙諾公司——負責代理工作。勞夫．坎丁沙諾是一個遵循古法的義人利肉醬商，他當年在自家廚房創造的**Ragú**肉醬，日後成了全美銷售冠軍的醬料。坎丁沙諾後來將**Ragú**高價賣給且士寶旁氏（譯註：**Chesebrough-Pond's**，美國著名民生消費品公司），但仍維持這間羅徹斯特小廠房的營運，只爲了讓他那雙義大利巧手繼續浸淫於麵點生意。

倒楣的是，卡爾曼會見坎丁沙諾的執行副總——愛德華・薩爾札諾——預備鼓吹他替我們的醬料進行充填工作的當天，薩爾札諾正巧傳喚卡爾曼，目的是要當面開除他的代理權。爲了躲開斧頭的刀鋒，卡爾曼孤注一擲地把一瓶我們的沙拉醬重重放在薩爾札諾桌上，說道：「看到了嗎？這是紐曼私傳，貨架上最好的貨色，銷路好的不得了。他們現在想要賣義大利麵醬，你們要是有辦法做，我們可以分你一杯羹。」

薩爾札諾暫時忘了開除卡爾曼這一回事，從他那兒拿了醬料配方，轉呈坎丁沙諾的總執行長約翰・李戴斯特瑞。這是一道教他們——或義大利肉醬業界任何一人——大開眼界的配方。勞夫・坎丁沙諾本人見到這道配方時，也嚴重懷疑以新鮮食材製成而不含防腐劑的醬料，是否能夠維持必要的貨架保存期——這是紐曼私傳沙拉醬當初所遭遇的同樣質疑，也是我們所有天然產品日後將面臨的同樣問題，主要是因爲從沒有人充填新鮮食品而不添加化學防腐劑。此外，坎丁沙諾也對名人商品持負面態度。過去曾有許多義大利裔的名人跟他接洽，例如迪恩・馬丁、法蘭克・辛納屈、唐姆・迪陸意斯、康妮・法蘭西斯、洛奇・格拉奇亞諾，但這些人都希望坎丁沙諾製造他們的醬料並代爲銷售，然後付他們一筆權利金。紐曼私傳的狀況不同，我們會買下商品自行銷售。基於這一點原因，儘管坎丁沙諾對堅持採用新鮮食材的電影明星和作家仍心存懷疑，但仍指示李戴斯特瑞和我們會面。

李戴斯特瑞踏入我們的西港辦公室時，猝不及防地被牆上顯著的標語弄得目瞪口呆：**做生意有三大法則，幸運的是，我們一概不知**。

李戴斯特瑞表示：「當我發現保羅和哈奇沒有做過行銷調查、沒有營運計劃、沒有編列預算、沒有架構分明的醬料上市策略時，我覺得相當洩氣。而當我質疑他們的做法如此缺乏準備、如此隨性之所至時，保羅回答：『我加入這一行，不過是生命這個大玩笑裡的一部份而已。放輕鬆點，老兄，讓事情維持失衡。』

「兩位是否明白，你們這道配方會在義大利肉醬業掀起一場革命？市面上所有醬料，包括我們製造的在內，都是泥狀的商品，比較好的是以蕃茄醬爲基底，其中多半加了改良過的食品澱粉加強濃稠度。沒有任何一項商品吃得到顆粒狀的食材——我的意思是，你看不到大塊的蕃茄、大片的蘑菇，或任何可辨識的材料。在蘑菇醬裡，就只能找到小小粒的碎蘑菇。人們買義大利麵醬，是拿它做鍋底，然後在自家廚房隨自己口味加入蘑菇、洋蔥、幾滴酒、幾杓糖，想要的話還可以加點肉——那其實是自製的醬料，只不過拿罐裝醬汁作爲鍋底。我們每一家義大利肉醬廠商都堅信，假使你的醬料看得到塊狀的食材，即使只是種籽而已，都會打消顧客的興趣。」

「這麼說來，你是要我們拿公司的資金和時間下注，賭一賭很可能根本無法保存的貨架生命，賭一賭家庭主婦很可能興趣缺缺的粗粒醬料，賭一賭一個每年十二月清光資本，然後隔年一月向銀行借貸以展開新年度的事業，賭一賭一家沒有營運或預算計劃的公司。情況就是這樣，不是嗎？」

我們回答：「沒錯。」

「你不認爲推出傳統醬料、排除風險因素，是更爲明智的做法嗎？」

我們回答：「不認爲。」

結果發現，要在坎丁沙諾的廠房，調配出和我們的原版醬料分毫不差的口味，比沙拉醬的實驗過程困難得多。一瓶又一瓶試吃樣品在羅徹斯特與西港之間兩地穿梭，我們盡忠職守地嚐了每一瓶的味道，但是要取得材料之間的完美平衡，顯然是件極爲微妙的工作。俄勒岡香草放得太多、洋蔥份量不夠、蕃茄濃度不對——兩個裝模作樣的康乃迪克門外漢，把羅徹斯特的專業人員弄得發狂。

坎丁沙諾的機器設備，在設計上是用來充填流速穩定的醬料的。如何利用這套設備充填帶顆粒的義大利麵醬？這個問題同樣讓坎丁沙諾的工作小組幾近崩潰。然而更頭痛的問題是，如何在專門烹煮泥狀物質的鍋爐中調理塊狀食材？不論充填設備或烹調鍋爐，都必須重新設計，以較大的閥門取代會限制顆粒材料流入罐中的小活門。

至於烹調流程，我們得知我們的配方無法在現存的桶槽中進行攪拌，因為該設備採用大型渦旋攪拌器來純化所有原料。它們就像衛寧牌果汁機，大桶槽的軸心將原料旋轉、攪打成滑順的漿汁。這樣的機器當然不適合我們的醬料，這使得我們和坎丁沙諾之間的關係陷入危急。為了烹煮我們的醬料，他們必須設計一套新的鍋爐，採用非常柔軟的側端攪拌器，確保因重量而自然下沉的顆粒狀食材不會被壓得粉碎。整鍋醬料必須靠著持續攪動而維持懸浮狀態。

顯然地，種種問題意味著機器設備上的巨額投資，而這套機器設備當時只能用於我們這項未經測試的產品。雙方僵持不下，誰先眨眼誰就輸了。坎丁沙諾願意斥資嗎？我們能接受泥狀的醬料嗎？

結果坎丁沙諾眨了眼。

同一時刻，我們正準備在洛杉磯舉辦上市酒會，在西岸隆重推出紐曼私傳沙拉醬。儘管我們的義大利麵醬還沒進入正式生產，但我們已經安排繪圖人員趕出一百二十份手繪標籤，並請坎丁沙諾在廚房調製二十箱經過雙方核准的醬料，及時運往洛杉磯，在沙拉醬的上市酒會中亮相。這些義大利麵醬都是在坎丁沙諾的廚房中，靠人工一瓶瓶充填的，好讓好萊塢上市酒會中的美食評論家，破天荒地從即食罐頭中嚐到料多實在的大蒜蕃茄肉醬。整體反應熱烈，於是在烹調鍋爐完成調整之後，坎丁沙諾便開始進入全面生產。

「當時，」薩爾札諾回憶：「生產速度緩慢。說起來，其實也沒有什麼高速生產的廠商。一年產出兩千萬箱的商品，根本是無法想像的。所以隨著紐曼私傳的成長與學習，我們確實也跟著成長與學習。最初製造的兩項商品是工業級馬利納拉醬（譯註：Marinara，即大蒜蕃茄醬）和蘑菇馬利納拉醬，接下來是沙克魯尼醬（譯註：Sockarooni，添加紅椒、青椒以及更多香料的大蒜蕃茄醬），然後越來越複雜的義大利麵醬——誕生。紐曼私傳將所有利潤捐作慈善用途，開始收到影響深遠的宣傳效果。電影巨星和暢銷書作家爲產品高唱稀奇古怪的廣告歌，佔據媒體大量篇幅，因爲他們倆不是爲求私利而搥胸吶喊的傢伙。以食爲天的廣大群眾欣賞他們，欣賞他們的商品，也欣賞他們的急公好義。」

我們委託坎丁沙諾製造的第二種商品，一開始是以裹著泡棉的小圓罐爲包裝，我們認爲這是最適合薩爾薩醬（salsa）的容器。李戴斯特瑞在那年的紐曼私傳聖誕舞會中，順便帶了幾隻打樣的瓶子過來，獲得眾人一致好評。我們相信它是義大利麵醬系列的完美延伸。

「在此同時，」李戴斯特瑞說：「我們將利潤進行再投資，促成新廠的建設，讓機器設備從每分鐘一百二十五罐的產能，達到今天每分鐘六百罐的規模。如今，我們擁有三百名員工，以及一間業務繁忙的西岸分公司，爲整個大西部供應紐曼私傳義大利麵醬和薩爾薩醬。」

「回頭想想，我認爲在產品發展上眞正功不可沒的，是有保羅·紐曼和A·E·哈奇納隨時隨地品嚐每一道實驗品，並且提出他們的看法。其中的動態過程實在非常獨特，使我們有辦法在最後提出讓他們倆都滿意的產品。人們會對我說：『紐曼眞的參與其事嗎？』而他們總是大感意外地聽到，沒有任何產品可以未經他親自品嚐而私自上市，假使他不喜歡，那麼這項商品就哪兒也去不了。哈奇納和紐曼事必躬親，他們撰寫商品的傳奇故事、在標籤上瞎攪和，每件事都不放過。若說有什麼個人的、私人的生意，這就是了。」

「我想，你可以這麼說，保羅·紐曼那夜在西港市餓得發慌，是美國義大利麵飲食習慣大革命的導火線。」

親愛的紐曼先生：

容我利用這次機會感謝您救了我家小狗一命。我知道，對於一家以人類為商品銷售對象的食品公司來說，這封信顯得很不尋常，但是你們的沙克魯尼義大利麵醬，的的確確挽救了我的小狗。

查理是一隻九歲大的威爾斯梗犬，去年十二月間爆發嚴重的胰臟炎，經獸醫指示，得嚴格服用藥用狗食。那是低脂肪量的特定飲食，我猜是因為牠的胰臟無法消化太油膩的食物。長話短說，牠今年七月跟著浣熊進垃圾堆啃剩菜之後舊病復發。當時我們正在渡假，而幫我們看家的人沒發現牠自己的食物都完封不動。

等到我們渡完假回了家，牠瘦得只剩皮包骨，於是我們又回到獸醫那兒打點滴。幾天後，獸醫送牠回家，吩咐我們儘可能誘使牠吃東西。但是沒輒。

那一夜，我先生和我吃著沙克魯尼義大利麵醬，香味似乎引起了查理的興趣。我們心想，反正再壞也不過如此了，就讓牠舔了舔鍋底。牠將鍋裡剩下的醬料一掃而光，然後坐直了身子乞討更多。接下來一週，牠淨吃拌了紐曼私傳沙克魯尼醬的米飯和一點點狗食。一日復一日，牠漸漸恢復體力，回歸正常飲食。當我告訴人們這件小插曲，是的，他們會說：「全都進了狗肚子裡。」但我不在乎。這肯定比獸醫的帳單——或讓小狗安樂死——便宜得多！

C・G・謹上

加州薩拉托加市

CHAPTER 14

這一回，爲了替我們初出茅廬的義大利麵醬拉抬聲勢，我們計劃在曼哈頓的金恩牛排館辦一場熱熱鬧鬧的媒體餐會。這地方左看又看，怎麼看也算不上那種五光十色、衣香鬢影的時髦場所，但它正符合我們公司古怪邪門兒的調調。媒體踴躍與會的盛況，比起漢瑞堤沙拉醬上市發表會更勝一籌。保羅和珍妮在攝影機面前唱出義大利麵醬的歌詠，那是哈奇厚著臉皮借用費德列克·洛伊（Frederick Loewe）和喬治·蓋希文（George Gershwin）的曲子，填上了會讓兩位作曲家大驚失色的歌詞：

（配合洛伊的I've Grown Accustomed to Her Face旋律；〔譯註：音樂劇《窈窕淑女》中的曲目〕）

保羅

我嚐過來自東方的醬料，
有些拿發酸的牛奶和酵母做原料，
而浸在油裡的義大利麵條，
讓你肚滿腸肥大大不妙。
它黏在你身上，
味道像醬糊，
那些貨架上的義大利麵醬，
懂得自重的君子決不輕嚐。
身上流著義大利血，偶爾需要美味的義大利麵解饞，
營養不良幾乎讓我雙腿發顫，
就在這時……

我沉沉入夢之際，
出現一道神賜的配方，

出現一道屬於我的配方……

（配合蓋希文的I've Got Rhythm旋律）

珍妮

它有洋蔥，
它有蒜頭，
它有羅勒，
誰還能要求更多？

它有橄欖
油和香料，
全屬天然，
道地工業級震波！

威尼斯的驕傲，
羅馬與比薩，
它肯定可以，
討你的歡心。

青椒纍纍，
蕃茄新鮮，
陽光滿杯，
誰還能要求更多？
誰還能要求更多？

保羅
我的滿足滿到頂點，
如今我有了義大利麵，

有了它，祖先可以，
無愧於心地為我驕傲——
從夏克高地（譯註：Shaker Heights，紐曼家鄉），
到威尼斯之夜。
如今安德瑞堤（譯註：Andretti，美國著名賽車手）表示，
願以世界賽車錦標頭銜相授，
因為我終於調製出一份醬料，
和他在義大利嚐過的同樣味道。
他於是替我們倆勝利繞場一周，
你瞧……

假使你持續惠顧，
美夢即將成真，
紐曼不必再上螢幕！

珍妮和保羅
誰還能要求更多？
誰還能要求更多？

金恩的廚房煮了各種麵條，一律淋上我們工業級的萬靈仙丹，然後盛入大托盤，送到餐廳各個角落供人食用。吧台旁人潮川流不息，成群的平面與電視攝影師爲這次活動留下紀錄，登上當晚的電視新聞和報紙專欄。超市主管的出席人數，更甚於漢瑞提餐會的狀況，隔天，我們的代理商就被各地湧入的訂單淹沒。對食品界（或其他業界）而言，如此大陣仗的上市促銷活動，和我們促銷的這種料多實在的純天然商品，都屬前所未聞的破天荒創舉。

一個月之後，我們在洛杉磯波班克市再度上演這齣義大利麵醬戲碼，地點是保羅的朋友朗·巴克經營的一家漢堡店。這次活動中，作曲家亨利•曼西尼（Henry Mancini）加入了我們的陣營，和珍妮、保羅同聲高唱義大利麵醬之歌。

（譯註：沙拉醬dressing一字為雙關語，有更衣之意）

CHAPTER 15

我們開始領略食品業的行規——何時說好，何時說不（而且心口一致）；還有，既然犯錯在所難免，還得學著避免鑄下致命的錯誤。我們最早明白的道理之一，就是在搶奪超市貨架空間的戰爭之中，單單一瓶紐曼私傳沙拉醬實在勢單力薄，恐怕會遭卡夫沙拉醬大軍和其他擁有多面向的品牌滅頂。同理，單單一瓶工業級馬利納拉醬孤軍對抗一排接一排的Ragú、Prego和Progresso，也一樣寡不敵眾。於是我們建立大軍，強化已進入備戰狀態的工業級醬料。蘑菇馬利納拉醬首先上架，接著是由蕃茄、辣椒和香料調理而成的沙克魯尼醬；此醬料背負著如下的傳奇：

形單影隻、孤零零的沙克魯尼／殺個不留（譯註：sock-it-to-'em，美國俚語，意思是痛擊別人或予人深刻印象，恰好跟Sockarooni醬諧音）義大利麵醬，即便光溜溜地坐在那兒，也能讓你暢快淋漓，連你的襪子都給轟掉了！穿越時空，回到一八三三年。當年，那不勒斯的探險家在聖路易調配這份特殊醬料，消化吸收之後，鼓起力量、勇氣、韌性和智慧與一千磅重的大熊纏鬥。一百五十年後，我拿沙克魯尼醬振奮自己，以便和我個人得面對的大熊——不過就是「渡過這一天」罷了——來纏鬥。

——P・洛奎斯多・紐曼

那些老是看壞不看好的代理商故態復萌，警告我們一個名叫「沙克魯尼」的醬料，絕對沒機會走上結帳櫃檯。他們沒從工業級醬料學到經驗，再次錯得離譜。沙克魯尼迷倒那些愛吃大塊辣椒和蕃茄的顧客，以及那些就愛嗆到把襪子都轟掉的人。

我們繼續推出龐波莉娜醬（Bombolina，蕃茄配上新鮮羅勒）擴增軍力，這回，眾家代理商沒敢發出半點微弱的嘟囔。

我們也徵召新的沙拉醬上戰場，其一是在瓶身背後負載著這則傳奇故事的家傳義大利式沙拉醬：

> 一四九九年，義大利兩大驍勇好鬥的部落——北方的格拉圖家族和南方的維亞葛拉尼努尼家族——鏖戰於一場如今衆所週知的沙拉醬戰爭中。雙方咸聲稱他們的沙拉醬技高一籌。歷經十年來時斷時續地攪拌沙拉和偶爾交互用料，公正的紐曼尼利樞機主教終於將這場交戰不休的派系之爭搬上檯面，居中斡旋，凝聚出一份結合兩家精華的沙拉醬。兩世紀以來，這個綜合配方是整個義大利家家戶戶奉行採用的家傳醬料。然而此配方在一七一〇年的火腿戰爭中失傳，不知所終，直到最近才隨著大運河上頹圮的宮殿出土。這道神奇妙方可謂重現江湖，成了終於一統義大利的沙拉醬。
>
> ——P．洛奎斯多．紐曼

然而在大學推出新商品的過程中，我們差點將自己置於破產邊緣，因爲我們忽略了食品業的一個新現象、超市的一項邪惡發明——上架費（slotting）。食品生意裡眞要有什麼骯髒字眼的話，上架費就是了。貨架空間的爭奪，向來競爭激烈，而商品的命運全在超市採購員的一念之間。爲了擠上貨架，依慣例付一些津貼是免不了的，例如買十瓶送一瓶，或者辦一次上市促銷活動——我們可以降價求售，讓消費者分一點好處，例如原本一瓶一塊九毛九，現在買兩瓶只要一塊五毛九；促銷活動刺激出的額外業績，可以彌補降價造成的損失。但上架費指的是實際付現，每家店得付兩萬八到三萬元的現金，才能取得展示新商品的恩典，但那可不保證店家會讓你的商品在貨架上擺多久。因此，假使同時在十二個市場推出兩項新商品，可能得一次付清高達四十萬元的上架費。

不同於某些生嫩企業因上架費的轟炸而垮台沉沒，我們反倒日漸茁壯。短時間內，我們組成了紐曼私傳義大利麵醬大軍，開始向貨架展開進擊。

烤香蒜辣椒醬

從前從前，在最黑暗的年代，有個名叫紐馬瘋狗的菜販子，以他那充滿陽剛活力的大蒜和肉感的辣椒而家喻戶曉。一個星夜裡，大蒜簍中的王子爬過圍籬，向葛溫辣椒公主大獻殷勤。令人臉紅心跳的求歡舞持續了兩星期之久，最後以一場皇家婚禮劃下句點。根據嬰兒出生紀錄簿所載，一個月之後，葛溫公主成了有史以來第一個大腹便便的辣椒。而一路舞進這個瓶子、落到你的義大利麵上的，正是葛溫公主的後人。

——紐特．紐馬瘋狗十六世

我們仍持續擴增沙拉醬大軍的陣容，但巧妙安排它們的陳列空間，藉以避免落入上架費用的陷阱。

前六個月的銷售業績達到五十萬兩千元，掙得六萬五千元的利潤，全數捐給我們最初接洽的慈善機構。一九八三年，我們的營運滿一年之際，營業額大舉衝上三百二十萬四千三百三十五元，利潤高達三十九萬七千元，同樣全數捐給許多不同的慈善團體。那年六月，到了珍妮重新啓用游泳池的季節，但她始終找不到放在游泳池畔的室外家具。保羅請她重新添購，因爲看來我們的生意會比原先料想的更長更久。時至一九八四年底，營業額成長了四倍，達到一千一百九十四萬三千九百七十六元，我們總共賣出一千八百七十萬五千五百五十五瓶沙拉醬，以及八百三十七萬一千七百二十六罐義大利麵醬，讓我們有能力捐出兩百零二萬三千一百零五元，我們知道，我們踏上的將是一趟既長遠又豐碩的旅程。

一九八九年，法蘭克．辛納屈在洛杉磯一家餐館召開記者會，他的鼠黨（Rat Pack兄弟（迪恩．馬丁、彼得．勞福、小山姆．戴維斯）陪同造勢。他向滿場的媒體記者宣佈，他將把他著名的軟呢紳士帽擲入食品拳擊場上，以他自創的四種口味義大利麵醬向保羅．紐曼提出挑戰。法蘭克宣佈他已成立一家名叫阿特尼斯食品（Artanis，把Sinatra倒過來拼）的有限合夥公司，負責授權他的義大利麵醬，而位於舊金山的亞曼尼諾卓越食品公司，則持有銷售和經營阿特尼斯公司的特許權。

一名記者問道：「你會進阿特尼斯的辦公室經營生意嗎？」

「這個嘛，」法蘭克回答：「我們沒有辦公室，我們會借用亞曼尼諾的場地作業。」

「你會親臨現場處理業務嗎？」

「會啊，我會在附近，但這邊這位比爾．亞曼尼諾將負責指揮大局。」

「法蘭克，你爲什麼跨行進入義大利麵醬市場？」

「我想看看超級市場裡的瓶瓶罐罐貼滿我的名字。」

「你知道嗎，辛納屈先生，湯米・拉索達（譯註：Tommy Lasorda，美國職棒名教頭）也曾推出義大利麵醬，到頭來卻栽了個跟頭。」

「是啊，呃，湯米花太多時間在球員休息區裡，待在廚房的時間不夠。」

「法蘭克，能透露你的配方嗎？」

「沒問題。首先準備些橄欖油和大蒜，四整瓣的大蒜。把油加熱，加入大蒜，用一般常見的叉子戳破蒜頭，好讓香味散發出來。等到大蒜轉成金黃色，就熄火取出大蒜，把油留下來。接著，你拿兩大罐羅馬蕃茄罐頭，倒進果汁機裡攪打，慢慢數到四。把搗碎的蕃茄放進大鍋子裡，加入些許羅勒、鹽、胡椒、俄勒岡香草和剛剛爆香的油。醬汁煮到滾開，掠去浮上來的油脂。拿一片麵包沾醬，邊煮邊嚐，直到醬料完成爲止。最後還可以加點新鮮香菜。這就是了——辛納屈特調醬料。」

「裝配線如何完成這麼繁複的動作？」

「我哪會知道這些勞什子事？那是比爾・亞曼尼諾的工作。」

「法蘭克，你認爲你這義大利麵醬的成績，會比兩年前問世卻乏人問津的法蘭克辛納屈領帶好些嗎？」

「那是想當然的了。我的醬料會順著人們的喉嚨而下，不是用來掛在脖子上的。」

「辛納屈先生，您的產品和保羅・紐曼的有何不同？」

「這個嘛，分兩方面來談：我是個正統的義大利人，血液裡就摻著義大利麵醬，而紐曼顯然是個局外人；況且，紐曼把利潤全數分送給慈善機構，而我的每一分利潤都會進我自己的口袋。」

一九九二年四月，比爾・亞曼尼諾召開記者會，宣佈結束辛納屈義大利麵醬的營運，披露阿特尼斯合夥公司「損失慘重」（光最後一季就虧了二十二萬九千美元）的消息。可見，從來沒有半毛錢滾進法蘭克的口袋。市場分析師丹・史瓦德說道：「停下來想想，辛納屈和義大利麵醬之間有什麼關聯？這段羅曼史或許唬得了一時，但當你退一步，想想人們購買義大利麵醬的原因——是因爲尋找高品質產品，無關乎誰的名字掛在上頭。」

另一位分析師表示：「辛納屈肉醬是二流產品，淡而無味，然則一罐紐曼醬料，卻傳遞了一股莫名的特殊感受。這就是一者失敗，另一者成功的原因。」

約翰．歐文——一位美食評論家兼專欄作家——作了如下的評價：「藍眼老傢伙決定將他最鍾愛的四種義大利麵醬包裝上市時，這似乎是個好點子，畢竟，保羅．紐曼就從他的沙拉醬和義大利麵醬小賺了一筆（作爲慈善用途）。但我料想，超市顧客之所以沒對辛納屈起立叫好行最敬禮，是因爲多年以來，他那鼠幫幫主的形象早已根深蒂固。承認吧，那可不是你會毫不猶豫地貼在義大利麵醬上的形象。辛納屈跟迪恩．馬丁、彼得．勞福和小山姆戴維斯風靡於拉斯維加斯夜總會時，報上總是千篇一律地刊登他們手捧酒杯、懷裡擁著個歌舞女郎的照片。」

「或許，我們先入爲主，心裡存著錯誤的刻板印象，但實在很難想像辛納屈身穿一條印著：『危險，天才工作中』的圍裙，在實驗廚房的爐灶前汗如雨下，這兒加一點俄勒岡香草、那兒放幾把羅勒的模樣。」

「保羅．紐曼呢？或許吧。我向來猜測他的老婆大人——珍妮．華德——對他調教有方。假使聽說珍妮出外拍戲時，保羅一手包辦倒垃圾、澆花等雜七雜八的家務事，我也不會太過意外。」

一九九三年，保羅的女兒妮爾和她一位原本做游泳池生意的朋友合夥，提議打著紐曼私傳的名號推出有機食品。保羅同意資助一年，好讓他們學一些經驗；他們利用這段時間，深入研究零嘴市場推出純有機商品的可行性，然後決定以鹹脆餅（pretzel）打頭陣。不消多久，他們就在這個以健康食品店爲主體的小市場上獨霸一方。他們緊接著推出六種口味的有機巧克力棒，各式各樣的有機餅乾也立即跟著上市；紐曼無花果條（Fig Newman）就是其中之一。紐曼無花果條在一九九八年問世，上市後前七個月的業績達到七十五萬一千元，同期所有商品的總業績合計高達一百三十萬美元。玉米餅和爆米花相繼加入大軍。二〇〇一年尾聲，有機食品已足以獨當一面，於是成立獨立公司，同樣也將利潤——如今總計兩百七十五萬元——捐做慈善用途。

紐曼先生：

昨晚，我的女朋友款待我一頓豐盛大餐。那是快速、輕鬆又相當美味的一餐。

席上包括義大利麵和青蔬沙拉，皆以您的品牌為佐料。我們所做的，不過就是將您的麵醬淋在義大利麵上，拿您的沙拉醬攪拌沙拉。三兩下即可，簡單輕鬆，美味可口。什麼都不必加，所以不難明白為什麼叫「即食即樂」。

用餐之際，女友提到您曾經是位電影明星。我很想知道您演過哪些電影。假使您的演技和廚藝一樣精采，您的電影應該頗值得一看。

繼續加油！

M·A·敬上
加州哥多華農場

又及：您可有任何一部電影出了錄影帶？

親愛的紐曼先生：

我九十二歲的老父酷愛吃爆米花，但是穀粒老愛塞進他的假牙縫裡，所以只好忍痛割愛。我給了他一把貴公司出品的爆米花，咬下第一口之後的反應是：「嘿，入口即化耶。」他把假牙取出遞給我看——果然乾乾淨淨！

W·S·謹上　德州丹爵市

親愛的「老爹」紐曼上校：

買了你的爆米花，因為那＊&＃N@%＊&＃賭鬼老千奧維爾（譯註：指的是奧維爾・瑞登巴克，他在一九七一年推出美食爆米花，引起爆米花市場一大震撼）：那張什麼臉來著的長相，看了就覺得討厭。總之，你的產品非常棒。你知道嗎，做爆米花最簡單的方法，不是用那種笨重的爆米花機器，而是拿中國人用的炒鍋？倒一點油在鍋底，加熱，放一杯玉米粒，輕輕鬆鬆地抖幾次鍋子，就會做出妙不可言的爆米花！不囉唆，不麻煩！

無論如何，真高興在爆米花商品標籤上看見一張正派的臉孔，而不是尖嘴利齒的公夜叉和他那同樣愚蠢的孫子！

誠摯的M・S・謹上

華盛頓州西雅圖市

CHAPTER 16

我們聚在佛羅里達羅德代堡一間出租房屋的廚房裡，保羅正在此地執導並參與《父子情深》（*Harry and Son*）的演出。這是哈奇第四次帶著爆米花的試吃樣品，專程從紐約搭飛機南下。他前幾趟帶來的樣品包括紅色玉米仁、黑色玉米仁，還有愛荷華州、內布拉斯加州、堪薩斯州、德州和羅德島出產的玉米仁，可惜全都無法滿足保羅那張刁鑽的爆米花嘴。保羅這一輩子都拿啤酒和爆米花當正餐，因此不論哪一種玉米仁要在紐曼私傳的旗幟上亮相，都得讓奧維爾．瑞登巴克（Orville Redenbacher）的產品相顧失色——在保羅心中，瑞登巴克的商品是對爆米花迷的一大侮辱。兩年以來，保羅和哈奇從未放棄尋找完美的玉米仁。《父子情深》拍片現場的試吃流程，通常是在廚房的爆米花機器爆出一爐玉米花（微波爐的發明是兩年之後的事），然後邀請卡司和工作人員共襄盛舉。在片中軋一角的艾倫·巴金，對爆米花的熱情不比保羅遜色。

我們如今要試味道的，是俄亥俄州坎頓市的溫道特公司出產的混種玉米仁，這是專門爲滿足保羅特定要求而特別研發的產品，其香味恰如其分，玉米粒爆起來又鬆又軟。保羅把融化的奶油和鹽灑在爆米花上，整間廚房頓時充塞著咂嘴聲和磕牙聲。「哇！」哈奇說：「比性愛還棒。」艾倫瞪了他一眼。「呃，」他彆腳地修正道：「幾乎一樣棒。」這話說到每個人心坎裡。

我們返回紐約之後，溫道特寄來四種混種玉米仁，每一種的水分含量略爲不同。它們經過分批爆開，放在大碗中。保羅矇上眼睛，小心翼翼地品嚐各個品種，間或啜口啤酒，最後終於做了抉擇。我們的第三類商品就此誕生：紐曼私傳老式電影爆米花。瓶身背後記載著這樣的傳奇故事：

> 告訴你情況有多糟。爆米花託付無門——除了我之外，誰都不能信任，包括聯邦調查局、國稅局、第凡內珠寶店和各家特許權經銷商。地方上的電影院，正在上演一部好電影，你會看

> 到老傢伙紐曼匆忙穿越大廳，一手抓著滲出油漬的牛皮紙袋，裡頭裝了自製爆米花，而另一手拿著——你猜得沒錯——印地安人用的大砍刀。我們家鄉的名人錄上登錄了許多獨臂人士。他們都在試著搶奪我那油膩膩的牛皮紙袋時，被我逮了個正著。要我說哪——這可是從輕發落，他們被吊死都不足惜。
>
> ——P．L．「老爹」．紐曼上校

爲了招來全天下對此重大災難事件的關注，我們安排在西港歷史學會的操場上舉辦一次爆玉米花活動，與會人士皆以一八八〇年代左右的古裝出席。熱情澎湃的南方爵士樂團在揭幕儀式中表演，保羅又一次大無畏地高聲歌唱——這回是哈奇塡詞的爆米花之歌，再度殘害吉伯特與蘇利文的 **I Am the Very Model of a Model Major-General**。

我們曾為世界帶來無與倫比的沙拉醬，
然後是連義大利老饕都稱獨一無二的馬利納拉麵醬，
如今為您帶來特點不勝枚舉的爆米花，
行家一致認定我們孕育了令人滿意的莊稼。

我們的爆米花讓你在腸胃不適時笑顏逐開，
讓你在食慾不振時食指大動。
那些好色的英國佬、芬蘭佬和熱心過頭的捷克佬，
會發現紐曼私傳比最變態的性愛還更好！

合唱

好消息是，紐曼私傳比最變態的性愛還更好！
好消息是，紐曼私傳比最變態的性愛還更好！
好消息是，紐曼私傳比最變態的性愛還更好！

為尋找讓人垂涎的爆米花，我們穿越了萬水重洋，
尋找那最超凡絕倫的芳香，
從土耳其、西班牙、伊朗和伊拉克，跋山涉水地尋找著爆米花，
豈料那玩意兒就落在俄—亥—俄！
陽光的金黃色澤，爆開後如雪花般白皙，
車子若是拋錨，我們的爆米花會讓它再度動起。
燈光昏暗，馬子不肯就範，而你一籌莫展，
除非你餵她一口紐曼私傳，讓她從拒絕變成點頭！

合唱
你餵她一口紐曼私傳，讓她從拒絕變成點頭！
你餵她一口紐曼私傳，讓她從拒絕變成點頭！
你餵她一口紐曼私傳，讓她從拒絕變成點——頭！

我們的混種玉米，鐵定能促進情誼，
純天然成分，讓痛風和鼻水不藥而癒！
最後以誠摯之心明白告訴你，
你應該盡量捧場，因為我們把利潤全數捐給慈善團體！

爆米花上市活動中，保羅和哈奇坐鎮吧台。哈奇負責倒酒，再由保羅遞給在場嘉賓。一位女士滿眼流露著愛慕之意，要求保羅先用手指在杯裡攪一攪，再將酒杯遞給她。「用冰塊會安全點，」保羅這麼回答她。另一位女士請他摘下太陽眼鏡，好讓她凝視那對名聞遐邇的藍眼睛。「樂意之至，女士，」他說：「但我猜這麼做會害我的褲子往下滑。」

這些年來，爆米花事業幾度爲保羅帶來意想不到的特權。好比一天晚上，他用遠超過速限的速度飆車，結果被交通警察攔了下來。警察靠近車旁，叫保羅出示駕照，然後拿出罰單，準備開單，但一看到保羅的駕照就停了下來。他仔細端詳保羅，開始繞著車子大跳類似祭典中的舞蹈，拍著他的大腿喃喃說道：「我要怎麼跟老婆說？說我逮捕了保羅．紐曼？快走吧。老天，我們每天晚上都吃你的爆米花。」

如今，有一整個世代對保羅的認識，來自爆米花比來自電影還深。最近一名記者詢問保羅成功的秘訣。保羅回答：「我毫無概念。我們沒有計劃，從來都沒有。哈奇和我是商業界裡最無知的兩個人——你得明白，這一切根本沒道理成功的。我們是隨機理論的最佳見證——管他這是什麼意思哩！」

我們在紐曼家的廚房，珍妮要我們嚐嚐她調配的某種飲料。珍妮心裡，向來覺得我們的表現既好玩又了不起，但是直到今天以前，她的角色始終以旁觀者的成分多些，與事者的成分少些。不過現在，她在我們面前端著杯子，從水罐中注入金黃色的液體。說實在話，那是我們這輩子嚐過最好喝的檸檬汁。她打定主意和紐曼私傳分享她們喬治亞家族七代以來戰戰兢兢嚴防外洩的秘方。我們當下決定啓用這個名字：紐曼私傳老式路邊攤處子檸檬汁。珍妮質疑「處子」這個詞的正當性，我們解釋將來採用的檸檬，都是未曾被人捏過擠過的。我們還厚顏無恥地聲稱：「它能回復你的童貞。」我們精心編撰的傳奇故事，將這個日後在全國超市冷飲區一炮而紅的商品，完全歸於珍妮一個人的功勞：

> 在非洲踏上馬拉松征途……跑了大半的路，雙腿幾乎邁不開了。山脈迫近！嚴重脫水！手邊有些什麼？水是苦的！啤酒走了味道！開特力？難喝得要命！……體力迅速流失。眼前突然出現幻影——甜美的珍妮，以淡金色的瓊漿玉液誘惑著我……是檸檬嗎？老天啊！檸檬汁？不，是檸檬救命水！……補足馬力！地上的瀝青都被我踏得翻了面。……帶著勝利返家！珍妮萬歲！偷來這瓊漿玉液（真是無恥的江湖浪子！）——前進市場——成了紐曼私傳！
>
> ——保羅・紐曼

我們情商琥碧・戈珀為檸檬汁廣告擔綱，拍攝過程笑聲不斷。琥碧穿著純白無瑕的袍子，跪在瀑布底下的藍色絲質枕頭上。保羅全身布曲・凱塞迪的裝扮，穿著紅襪子的雙腳泡在水潭裡，向琥碧捧著的聖杯傾倒檸檬汁，而她則狂喜的嚷著：「我感覺到了！我感覺到了！眞的恢復了！我又回復處女之身！太棒了，太棒了，我又回復處女之身！」

一群白鴿啣起一條寬絲帶，圍繞在她的身軀，上面寫著幾個大字：「回復童貞！」。

很高興向各位報告，那些強調廣告眞實性的傢伙，從沒來跟我們找碴——事實上，我們還收到這樣的證言：

親愛的紐曼先生：

我們倆各買了一箱你們的紐曼私傳老式路邊攤處子檸檬汁。非常美味，教人通體舒暢。不過，我們有幾個問題：

一、只有處子才有資格喝這檸檬汁嗎？還是……

二、製造檸檬汁的工廠，是由處子所經營管理的？若是如此，你，紐曼先生，是否願意以個人名譽擔保每一位工人確確實實都是處子？他們是否自始至終都得保持處子之身，還是只要在當初聘用時還保有童真就好了？

三、假使指的是處子檸檬，那你是如何分辨的？或許有幾粒淫亂的檸檬偷偷溜進來魚目混珠：你知道檸檬是什麼德性的。如果只是輕輕捏一下，會不會害檸檬失去處子身分？一點點放浪形骸是否無關緊要？

這整件關於處子的事，把我搞得一頭霧水。不過，如果價錢談得攏的話，我們可能願意和工廠裡的其他處子一起工作。我們的先生可以證明我們是道道地地的處子。

誠摯的C．S．與D．N．謹上

紐約州德瑪鎮

某份報紙引用保羅的話：「瓊．考琳斯喝了四夸脫之後恢復童貞，而席維斯．史特龍已經幹掉四十六箱，還在翹首盼望。」另一項專訪引述哈奇，表示我們的檸檬汁很可能成爲「預備生育者的官方飲品」。

隨著新商品不斷從紐曼私傳的豐饒羊角溢出——包括微波爆米花，輕口味義大利沙拉醬，辣勁十足的佛拉狄亞洛義大利麵醬，材料紮實豐富、三種辣度的薩爾薩醬，田園沙拉醬，龐波莉娜義大利麵醬（「義大利麵難以忘懷的親密伴侶」），標籤上印著保羅大理石半身像的凱撒沙拉醬，叫做「說起司」（Say Cheese）的五種起司義大利麵醬

（藍紋乳酪、巴馬乾酪、羅馬乾酪、愛亞格乳酪和帕瓦隆起司）——一個接著一個慷慨從戎，加入紐曼私傳大軍，在貨架上浴血奮戰。

打從一開始，我們就立下不打廣告的政策，因爲一、我們認爲廣告太過俗氣，二、並不保證有效，況且三、我們根本付不起天文數字的廣告活動和競爭對手抗衡。幸好，許多讚美聲主動上門：《消費者報導》評定，紐曼私傳微波爆米花在洋洋灑灑的三十多個品牌中排名第一，Pop Secret、奧維爾．瑞登巴克、Act II、Jolly Time和Jiffy Pop都是我們的手下敗將；此外，我們還由於積極參與社會公益，獲得康乃迪克州州長頒發社會責任桂冠獎；《洛杉磯》雜誌給予紐曼私傳微波爆米花四星評價，說它「值得得到爆米花奧斯卡獎」；經濟重點委員會（Council on Economic Priorities）將它的慈善捐贈獎頒給我們；《今日美國》給予紐曼私傳爆米花天下第一的評價；《娛樂周刊》封我們爲「爆米花之寶」；《波士頓環球報》爲我們的馬利納拉醬貼上「本週熱門商品」標籤；我們的輕口味義大利沙拉醬和四十六種低卡路里沙拉醬品牌——包括衛斯朋、卡夫、隱谷、七海和瑪茲提千島沙拉醬——共同進行評比，結果《麥考》雜誌的美食編輯宣佈，紐曼私傳是「瓶裝沙拉醬的首選……無疑是我們的最愛」；《食品暨飲料市場新商品評估》授與紐曼私傳薩爾薩醬二星半（總分三顆星）的高度評價；《沙加緬度蜂報》舉辦的爆米花大賽，宣稱我們的奶油口味微波爆米花是「遠遠凌駕於Jolly Time、Pop Secret、奧維爾・瑞登巴克、Pop'n Snack及其他品牌的贏家，它有完美的脆度，融你口中，讓你想要更多」；《舊金山紀事報》的熱門商品獎，將紐曼私傳純天然龐迪多薩爾薩醬置於八個競爭品牌之上；《紐約時報》的美食評論家佛羅倫斯・法布肯，品嚐十六種大蒜蕃茄醬（包括Progresso、Contadina、Rao's、Aunt Millie's、Buitoni、Francesco Rinaldi、Enrico、Prego和Ragú）之後，認定紐曼私傳爲「首選品牌」；《沙加緬度蜂報》六位裁判試吃十二種料多實在的紅色薩爾薩醬，各個都是行銷全美的知名品牌，最後判定紐曼私傳的口味首屈一指；我們的薩爾薩醬還在《伯靈頓日報》的美食比賽中奪魁，被形容爲「四季皆宜的薩爾薩醬」；《今日美國》邀請家喻戶曉的義大利名廚兼作家兼公共電視《義大利美食》節目主持人——瑪麗安・埃斯普士度，針對九個大蒜蕃茄醬的知名品牌進行不具名的口味測試，結果紐曼私傳脫穎而出，得到評價「三」的最高分，而Barilla、Francesco Rinaldi、Healthy Choice、

Ragú 和Prego只得到最低的「一」分；《芝加哥論壇報》針對六大爆米花品牌進行評比，其中對紐曼私傳有這麼一段描述：「不油不膩的奶油香味讓人口水直流，每片爆米花都大而脆，鹹淡恰到好處，是老少皆宜的完美爆米花。價錢也很公道，所以我們給它一個『A』」——Pop Secret、奧維爾・瑞登巴克、Act II得到「B」，而Dominic's和Jewel則只得到「D」；《雷諾公報期刊》邀集的五位薩爾薩醬評審團，認爲紐曼私傳遠遠超越一些歷久不衰的品牌，例如Ortega和La Victoria；《中區日報》也召開薩爾薩醬評審會議，我們再度成爲唯一獲得人人夢寐以求的四顆胡椒評價；《波士頓先驅報》的標題說得好：「就薩爾薩醬之選，評審表示紐曼私傳火辣辣！」——這表示我們的五大競爭對手還不夠火辣；《消費者報導》評估三十九種以蕃茄爲基底的醬料，而我們的沙克魯尼醬得分超越每一個重要的競爭對手——包括Contadina、Francesco Rinaldi、Ragú、Prego、Progresso和Classico di Sicilia。

除了這些褒揚之外，我們還獲頒其他卓越獎項：保羅及哈奇榮獲哥倫比亞大學頒發的羅倫斯文恩傑出慈善事業特殊榮譽獎；保羅基於他的「人道關懷」而獲得瓊赫斯斯特人道金像獎；哈奇參加詹姆斯・比爾德基金會在紐約舉辦的年度大會，代表保羅領取該會頒發的年度人道獎。

此外，諸如以下這則由美國企業新聞通訊社（PR Newswire）傳給全國各大報的新聞報導，也讓我們受益匪淺：

> 今天，消息傳出，上週一輛載有紐曼私傳沙拉醬的貨運車，自南加州前往奧勒崗波特蘭市的途中遭竊。車上尚有其他品牌的沙拉醬，但均原封不動。警方現已尋獲該輛貨運車，但車上的紐曼私傳沙拉醬此刻仍行蹤不明。遺失的貨品包括六百六十四箱橄欖油調醋沙拉醬、兩百三十八箱葡萄香醋沙拉醬，以及三百四十四箱家傳義大利風味沙拉醬。警方當局深感困惑。
>
> 保羅·紐曼獲悉這樁案件時表示：「被消費者挑中買回家是一回事，但在其他眾多商品面前被偷，其實還更有面子。這是對我們的商品投下極高的信心票，其他知名的沙拉醬品牌，一定覺得自己不受疼愛。」
>
> 警方對於竊賊身分所知不多，但初步研判，他們一定非常識貨，因為上週稍晚，奧勒崗紐堡市當地的資源回收中心，就收到了四箱遺失商品的空瓶。一聽到

這一點，紐曼先生立即評語：「他們或許是竊賊，但至少他們重視環保。」

不僅報章雜誌主動報導這些可以促進業績的消息，三項廣受全國媒體報導的活動也讓我們受惠不少。我們和《好當家》（*Good Housekeeping*）雜誌（共有四百五十三萬四千七百名讀者）聯手舉辦食譜競賽，要求參賽者在他們寄來的食譜中採用紐曼私傳的商品。但相對於傳統的現金獎項，我們提供得獎者慈善津貼，捐給他們選擇的慈善機構。《好當家》一發布競賽消息，「專家們」（同一群打一開始就對我們置疑的悲觀主義者）莫不對一場沒有現金獎品的競賽冷嘲熱諷。這群專唱反調的傢伙提出警告，表示參賽人數可能只有小貓兩三隻。結果證明，紐曼私傳慈善獎項觸動了《好當家》讀者群內心深處的助人慾望，我們的競賽激起廣大迴響，參賽人數僅次於提供百萬獎金的皮斯貝瑞麵糰寶寶競賽（Pillsbury contest）。這次比賽中，我們準備替冠軍得主捐出五萬元，替四位亞軍得主各捐出一萬元。我們邀請決賽者從全美各地前來紐約。在洛克斐勒中心彩虹廳的一場精緻午宴中，保羅和珍妮當著包括美食評論家、媒體記者和超市主管的觀眾面前，品嚐並評分每一道由彩虹廳主廚根據決賽食譜而調理、呈現的佳餚（本書附錄刊載了其中幾道勝選食譜）。九年下來，競賽盛況愈演愈烈，總計共收到兩萬份食譜，送出兩百萬元慈善獎金給各個得獎者，他們的善心惠澤「住者有其屋」、「特殊奧運」、「國際特赦組織」、「虐待兒童防治」、「多發性硬化症協會」、「星光基金會」及「救世軍」等各種慈善團體。

第二項向來受到媒體熱切關注的年度活動，是由紐曼私傳和小約翰·甘迺迪的《喬治》雜誌所共同贊助的。約翰和保羅希望對企業的付出予以肯定，「喬治獎」的設立，就是爲了表彰透過慈善事業（例如慈善捐款或具啓發性的草根活動），樹立良善公民最高典範的美國企業。得獎人指定的慈善團體，將收到一張二十五萬元的支票。至於誰能雀屏中選，則是由評審委員會從上百位提名人名單中進行遴選。好比說一九九九年的評審委員會，就由下列人士組成：馬雅·安潔羅（譯註：Maya Angelou，美國近代文壇著名的非裔女作家兼詩人，以積極參與人權運動而著稱）、馬文·戴維斯（譯註：Marvin Davis，美國石油大亨）、瑪麗安·萊特·依黛雯（譯註：Marion Wright Edelman，美國民權運動領袖，尤其注重兒童福利與保護）、A·E·哈奇納、小約翰·甘迺迪、菲力普·德·蒙特貝羅（譯註：Philippe de Montebello，紐約大都會博物館館長）、保羅・紐曼、諾曼・史瓦茲柯夫將軍（General Norman Schwarzkopf）和珍妮・華德。該年度的二十五萬元獎項，是由田園公司的總經理海爾・陶希格奪得。這家旅遊業者將全部利潤捐給該公司的慈善基金會，再透過基金會設立低利率貸款計劃，爲個人及小企業提供創業資金。貸款人必須恪守基金會宗旨，爲基層的失業勞工創造就業機會，並協助在頹圮的都會中心建造低價住宅。

可惜在小約翰・甘迺迪不幸身亡之際，紐曼私傳—喬治獎也隨之劃下了休止符。

第三項廣受平面及電視媒體披載的年度活動，是我們和美國筆會（PEN American Center）共同籌辦的「憲法第一修正案獎」。過去十年來，我們陸續頒發出兩萬五千元的獎金，表彰在逆境之下勇敢抗爭的美國居民，感謝他們捍衛憲法第一修正案賦予人民以文字自由表達的權利。十年前，保羅在獎項設立之初的記者會中說道：「出版自由——在無任何剝奪之下書寫及出版的自由——是權利法案（Bill of Rights）最基本的保障之一。我們設立這個獎項的宏旨，就是爲了捍衛及促進這份自由。借用伏爾泰的說法，我們的哲學是——雖然我們不同意你的論述，但我們誓死捍衛你撰寫的權利。」

多年下來，該獎項的得獎人包括一位佛羅里達州的教師，他成功推翻該州教育當局對文學名著的禁令——其中包括史坦貝克、喬叟和亞里士多芬尼等名家的作品；一位亞利桑那州的戲劇老師，他堅決不讓當局審查學生自行選擇演出的作品內容；一位丹佛市的書店老闆，他成功駁倒科羅拉多州基於書本含有色情內容的指控，而禁止兒童可自由進出的書店販賣如《戰地鐘聲》等小說的法律；一位在密蘇里州指導創意寫作的高中老師，她因爲「疏於審查學生的創意表達」而遭校方解聘；一名記者，她戰勝企業試圖壓制她揭發地下水污染導致土石流的新聞，而對她施加的打壓；一位因報導當地的工業健康危害而備受騷擾的緬因州作家；一位不遺餘力替學生爭取課堂上的文學與出版自由的佛羅里達州中學教師；爲學生公演東尼．庫許納的劇作——《天使在美國》（譯註：*Angels in America*，一部探討同性戀與愛滋病的作品）而辯護的德州學院院長；一位爭取保留書籍流通性的高中圖書館館員，這些書籍因情色內容而成了禁書（例如史坦貝克的《人鼠之間》）；去年的得獎人是一位自由作家，她因爲拒絕屈從於一份大規模傳票——目的是爲了搜捕她的機密資料來源——而在德州聯邦拘留所內拘禁一百二十八天。

CHAPTER 17

親愛的保羅・紐曼：

在這個日復一日被廣告強迫洗腦的世界，在這個絕大多數廣告與事實差之千里的世界，出現了一個貼上讓人哈哈大笑的標籤之商品。這是其一。

我們緊跟著注意到，這商品沒試著從電視或收音機硬生生地塞進我們的喉嚨裡去。感謝上帝！

我的下一個念頭是：「又一個名人以為只要我們喜歡他演的戲，就會跑去買他的商品。」哈！我想，我才不會呢！

不過話說回來，最近在我每三個月照例買一罐Ragú或隨便什麼促銷品的時候，我決定給老好人保羅・紐曼一個機會，挑了你們的工業級特製品。身為一個一碰防腐劑就縮水的姑娘，我可是仔仔細細地把標籤讀了好幾回。紐曼先生，打開蓋子之際，我簡直不敢相信眼前看到的！Ragú和其他一些牌子宣稱他們放進醬汁裡的材料（得拿放大鏡才看得到），你通通都有！我從沒見過真材實料的大塊蕃茄和大片蘑菇，那真是美味！哇！一個誠實正直的紳士，我對自己這麼說！

感謝保羅．紐曼推出這麼個商品，你一定非常自豪。買下它、拿它填飽我先生的肚子，的確讓我覺得很開心。你重建了我對人性的信心。是的，海倫，人間還存在著誠實的商人！唷呵！

海倫．福克斯太太謹上
加州聖塔克魯茲

我們坐在共用的辦公桌前（那是保羅以前放在游泳池畔的露天家具），頭上頂著一張大型海灘傘。桌上有兩面銅鑄名牌：值班救生員A．E．哈奇納，值班助理救生員保羅．紐曼。時間是聖誕節前兩天，我們正準備悉數發放今年的全部利潤。一開始鬧著玩兒的小生意，竟匪夷所思地讓我們成了大慈善家，至今仍教我們又驚又愕；這是隨性擊潰理性的一大勝利！

起初，我們就像摸不著腦袋的丈二金剛，無法決定把錢捐給誰，太多向我們申請經費的慈善團體都當之無愧。但是，我們後來發展出一套還算說得過去的哲學——將力量集中在非主流的慈善組織身上。這筆利潤，給我們一個機會回報當年在必要時刻提攜我們的地方：刺激保羅萌生舞台慾望的肯揚學院；促使保羅立志成為演員的耶魯大學戲劇學院；還有紐約的演員工作坊（Actors Studio），這兒才華橫溢的劇場人員教導他、鼓勵他，珍妮和保羅的事業都是在這裡起了頭。同樣的，哈奇也得到機會報答聖路易獎學金基金會以及華盛頓大學表演藝術學院，感謝他們對其事業的貢獻。在我們的補助之下，這些學校如今能幫助其他年輕人，一如當年對我們的扶掖。

當然，我們的捐款，仍有許多流向重要的慈善機構，例如史隆凱特林紀念癌症中心、雷赫醫學中心、紐約芳德鄰醫院、囊胞性纖維症基金會、弱智與殘障促進學會、哈林區重建計劃及美國愛滋病研究基金會。不過，最過癮的，還是幫助那些無法掀起輿論關注、進而吸引捐贈者的弱勢團體。

舉例而言，我們收到聖心會卡蘿・普南修女的來信，她在佛羅里達州印地安鎮辦了一所希望農村學校。「我四方奔走，想盡辦法籌措經費購買一輛新的巴士。我們的校車沒有通過檢驗，下學期無法繼續提供服務。新校車需耗資兩萬六千元。我多方寫信求助，答案截至目前爲止都是個『不』。一輛巴士可以讓我們再撐個十年，如果沒有校車，我們就無法接送孩子。」

我們致電卡蘿修女，發現希望農村——一所專爲移民農夫的子女開辦的學校——可能因爲它那十四年高齡的二手巴士宣告不治，而使整個學校關門大吉。

希望農村學校創立以前，這群孩子根本沒有持續就學的機會。赤貧環境強迫農民家庭四處流浪，在全國各地尋找季節性工作，因而剝奪了孩子們固定上學的權利。小蘿蔔頭們經常跟著父母親在田裡勞動，每逢冬天才回到佛羅里達中部收割柑桔作物。遇到收成特別糟的年頭，這些家庭就得窩在橋底下或廢棄的車子裡睡覺。許多小孩從來沒抱過一本課本或聽過一首兒歌，直到這群四處流浪的勞工親手建造希望農村學校，開辦彈性學制，讓孩子們在收割季節上課，而不必註冊加入一般九月至六月的學年制學校，情況才開始好轉。

「但當今年夏天，州政府管理當局宣佈我們的校車報銷時，我最深的恐懼終於出現了，」卡蘿修女告訴我們：「如果沒有校車接送這些住在數英哩外的孩子，學校就沒有存在的意義，而許多孩子將回到田裡，重返他們毫無希望的悲慘生活。」

卡蘿修女表示，她已經把預備支付教師薪水的一千塊錢，拿來付新校車的頭期款，希望某天、某位善心人士能伸出援手，捐款讓他們購買巴士。希望農村學校的修女曾寫信給許多基金會、打電話給住在鄰近的棕櫚灘地區那些有錢的先生太太，但找不到一個願意扶他們一把的人。就在接到我們來電的前一天，隨著時間和希望一點一滴流逝，差點兒就發生了一樁悲劇。

那是個熾熱的十一月午後，這輛早該報廢的校車在鄉間小路上氣喘吁吁，載著幾名放學的孩子回家。當巴士愈來愈靠近閃著燈的鐵路平交道時，司機開始踩煞車準備停車，不料煞車失靈，巴士繼續往平交道的方向迫近。警笛聲刺耳地高聲哀鳴，從坦帕市出發的高速火車正呼嘯而來，校車司機決定把油門踩到底，趕在火車掠過前的千鈞一髮之際加速穿過平交道。

我們和卡蘿修女談話的當天，支票已經在寄往藍鳥巴士公司的途中，催促他們立即運送新巴士到希望農村學校。

一九九七年，希望農村的修女通知我們，那輛巴士歷經十三年的辛勤工作已倍顯疲態，我們很樂意地寄給他們一輛新校車。

一天，一名不知好歹的編輯把保羅逼到牆角，咄咄逼人地追問他的烹飪證書，對他投入食品業的一切始末都有所質疑。保羅毫不隱瞞地回答：

「我成年之後的日子都在女人圈中度過：我的妻子珍妮、五個女兒、管家卡洛琳，還有一代接一代的鋼毛獵狐梗——只要是公的，一進門就會立即被閹割。難怪我總穿著圍裙做僞裝，唯恐自己成了一隻閹雞。隨著時間流逝，這條原本充當保護措施的圍裙，慢慢成爲我挖掘烹飪之趣的一個藉口。

「早期的發現，都是基於我和準備烹調的食品之間建立關係的能力所致。你曾經跟鱈魚片來過一段有意義的對話嗎？還是曾跟青蛙腿交換意見？

「烹調過程中，我透過自我催眠進入狀況，差不多就像錫克人讓自己進入深沉的恍惚狀態，以便走過燒得火熱的木炭，或在銳利的釘床上睡個舒服的好覺。

「一旦進入催眠狀態，我就把鱈魚片貼到臉前，然後屏氣凝神，專心聆聽。有時聞到玫瑰花香，腦子卻聯想到麵粉。有時聽到結婚鐘聲，卻聯想到什麼？滷汁，這是當然的嘛（譯註：滷汁marinade的發音跟婚姻marriage 相仿）。教堂音樂和彈簧床？那會讓我像是被珍妮上身一樣的烹煮食物，因爲珍妮的笑聲像個蕩婦，歌聲卻宛如天使。

「你或許對我的方法感到不以爲然——你也不是頭一個了——但是對於那些個暗自取笑、正面抨擊或放馬後炮的人，我只能說，在鍋碗瓢盆甚至餐巾和桌布都被舔得一乾二淨之後，從沒有人挑剔廚子和食物之間的親密關係所導致的神秘而神奇的結果。」

我們的銷售量仍持續上升，絲毫不受這個及其他類似訪問的影響。

PART THREE

公益

對孩子付出一點愛，他會報以驚人的回饋。

——約翰・魯斯金

我從沒想過自己會涉足科學界，但將沙拉醬點化成一輛校車——那眞是能滿足人們想像力的化學反應。

——P・洛奎斯多・紐曼對約拿斯・沙克

（譯註：Jonas Salk：小兒麻痺口服疫苗的發明人）

CHAPTER 18

話說一天早晨，好傢伙PL一覺醒來，那是一九八五年十二月，我們入行的第四個年頭，之前一天，總經理和副總經理才把四百萬美元塞進十來個慈善機構手中——包括史隆凱特林、康乃爾醫學中心、飛行醫療團、敬老送餐協會、識字義工等等。假使你還沒猜出來的話，是的！就在那天早晨，好傢伙PL窩在自個兒家裡的浴室，四下無人，他用力拍著胸脯，八成一付趾高氣揚的模樣，驕傲地想著這間白痴公司不僅撐了過來，還對社會付出超越了任何人所期盼或期許的回饋。後來我們知道，同時間，哈奇也在自家浴室裡，對著鏡中人影咧開嘴微笑，自顧自地哼著：「哈拉嘰個地、哈拉嘰個地。」

然而……

然而還少了些什麼東西，公司上下每個人都需要的東西（儘管他們並未察覺，但潛意識裡無論如何還是有這份需求）；少了什麼可以讓老傢伙PL和哈奇產生視如己出的感覺——一項可以讓他們疼進心裡的專案，一套PL說他「一覺醒來靈機一動」的計劃，一個恰好爲絕症病童搭建的營地。這其中的詳情，他說，在他後來爲這個營地（取名爲牆上窟窿幫——源自於《虎豹小霸王》片中著名的藏身之地）撰寫的書中前言說得最清楚：

> 我希望我能清楚地追憶，那股迫使我為這塊營地催生的衝動。若能宣稱自己的動機具有崇高目的，我會覺得很高興。我曾被人指控具有同情心、懷抱利他主義，甚至虔誠實踐基督教、猶太教和回教的倫理操守，但不論我多麼渴望成為完美典範的化身，我就是不能這麼做。
>
> 我想，我得說造化弄人吧——可遇不可求的好運，對我的生命善待有加的好運，以及對其他人殘酷無比的厄運：這對兒童尤其殘忍，因為他們可能連以一生之力來修正命數的運道都沒有。

對於垂危的病童，我們並不陌生。在我們資助的慈善機構當中，有一間紐約芳德鄰醫院，那裡的許多棄兒，都是肢體上有殘缺的可憐兒。我們也贊助康乃爾醫學中心的兒童燒燙傷病房，此地的主持人威利博德．奈格勒博士，是一位極負愛心的醫生。我們曾到此地探視正從危及生命的嚴重燙傷中復原的孩童。我們當然心疼這些和生命搏鬥的孩子，但假使要給他們一次開心的經驗，我們需要知道何種設施最適合醞釀當中的牆上窟窿幫營地。我們前往康乃迪克州的何姆洛克斯探勘，這個專為殘障人士提供服務的場地，每逢夏季便暫停營業。那是個規規矩矩的建築結構，不加文飾，玻璃和鋼筋揉成一幅嚴峻森冷的面貌。我們可以在夏季借用這個場地舉辦夏令營。但是當我們在那些冷冰冰的建築裡行進時，心中明白我們的營地不應該流露這種氣息。

我們飛到加州，拜訪一個叫做「好時光」的生活營，這裡專為癌症病童舉辦為期數週的活動。負責人是拍普．亞伯拉姆斯女士，她慷慨地就這些孩童及其疾病、營隊活動節目表以及後勤支援人力所需等種種資訊傾囊相授。她還介紹我們認識營地醫生——史都華．席格醫生，並深入解說營地作業的醫療層面。不過「好時光」沒有自己的專屬營區——它向另一個現存的營區租用場地。

我們還看了紐澤西布萊爾鎮的另一個營地——史隆凱特林紀念醫院的「幸福是野營」。負責人是一位小兒腫瘤科醫師——保羅·梅耶斯醫生，他是個知識淵博、全心付出的人，我們從他那兒學到了癌症病童的特殊野營需求。「幸福是野營」的成績斐然，但它的設施並未針對這群兒童的特殊需求而設計，梅耶斯醫生同意，我們心目中勾勒的特殊營地，將不知好上幾千幾萬倍。

此時，我們覺得，尋找地點興建牆上窟窿營地的時機成熟了。我們請馬克·納凡思幫忙協尋，他父親是我們的律師。馬克在城裡開了間房地產公司，他找到的第一個地點，位於紐哈芬北邊。這塊土地的確很誘人，但缺點是緊鄰高壓電線；據說這些電線可能產生輻射性的能量場，有損營地學員的健康。馬克接著帶我們看康乃迪克州老萊姆湖畔的一片廣袤土地，但這兒是最早發現萊姆壁虱（Lyme tick）的地方，這樣的名聲澆息了我們的興趣。我們還看了一個位於康乃迪克州托靈頓鎮的建築，它屬於YMCA所有，曾作童子軍營地，但已嚴重毀損，靜待新的業主。這裡的建築物看起來搖搖晃晃，集會木屋有倒塌之虞，更慘的是，腐爛的船塢似乎隨時都要掉進湖裡。但是，保羅忙不迭地投入其中，不假思索地採納一套有待商榷的木屋和船塢修復計劃。儘管土地買賣契約都還沒蓋章生效，但是保羅深信交易不久就會成交，因此立刻動工整頓集會木屋，裝上了最頂級的廚房設施，重建壁爐，花了不少錢。

就在此時，我們接獲YMCA通知，他們將利用我們支付的土地費用，在湖的另一邊興建童子軍營地，和我們的營隊共用設施。儘管立意甚佳，但這顯然有違我們的願景，罹癌的病童如何跟健康結實的孩子共用設施？保羅即將赴芝加哥和湯姆．克魯斯合演《金錢本色》（*The Color of Money*），出發之前，他接受了哈奇的看法，認爲我們應該結算一切損失，抽身而出，拋下一個重新裝修過的木屋和新船塢。

托靈頓事件絲毫無損保羅的興致。在拍片現場，幾場分鏡之間，保羅經常抽空和哈奇透過電話討論營地事宜。他如今勾勒的景象不同於一般營區，反倒像布曲．凱塞迪平常逗留晃蕩的小鎮。

馬克．納凡思又提議了幾個地點，預備等保羅回來後前往視察。此時，我們猛然頓悟，這種搞法實在是本末倒置了。我們想起拍普．亞伯拉姆斯對席格醫生的仰賴，她說他是「營地的心與靈」，而「幸福是野營」的靈魂人物保羅．梅耶斯醫生也指出，我們最好先找一個醫生，再根據他的醫學建議尋找營地。哈奇約了霍華．皮爾森醫生見面，他是耶魯—紐哈芬醫院的小兒科主任，也是康乃迪克州行醫多年的資深小兒血液科醫生。

皮爾森醫生是個溫和斯文、彬彬有禮，又帶著點淘氣的人，一顆溫柔的心，是長年醫治病童的經驗給陶冶出來的。他一聽到我們的計劃就從桌子那頭探身過來，說：「你們需要我做什麼？」我們當時並不知道，幸運的是，皮爾森醫生剛結束耶魯小兒科主任十四年的任期，當下就有時間立即投入我們的志業。

除了挑起營地醫生的重責之外，皮爾森醫生還帶領兩位非常重要的耶魯人進入我們的圈子：耶魯—紐哈芬醫院的副行政主任文斯．康堤，以及耶魯建築學院院長湯姆．畢比。文斯個性熱情、富悲憫之心、頭腦非常靈光。營區創建之初，各種工作千頭萬緒，他那條理分明的思維邏輯和組織能力，是推動工作時不可或缺的力量。另外，事實證明，畢比院長在營區的設計與興建上，在在注入了啓迪人心的概念。

但是，《金錢本色》殺青之後許久，我們仍在尋覓那不知位於何方的營地；而當我們終於碰上理想地點時，又差一點跟它擦身而過。這個地點同樣是由馬克．納凡思找到的，但由於過於接近毗連的道路，馬克並不看好它的前景。儘管如此，萼蘇拉．關恩還是決定暫時放下手邊工作，前往這個靠近麻州邊境的康州愛許佛小鎮一探究竟。小鎮的位置，大約和東北部各大都會中心等距。萼蘇拉一看到這塊地方，立刻要我們注意它的潛力。我們找到的是一片未受文明污染的三百畝地，地勢泰半平坦，有一方四十五畝大的池塘，完全未經開發，遍地是美不勝收的野花和落葉。

然而，一大群惹人厭的蜉蝣、蚊蚋，和其他勢必得剷除的攻擊性昆蟲，同樣覆蓋著這片土地。我們第二次進行探勘時，保羅就做了突破重圍的準備——他戴了頂帽頂凹進去的廚師帽，中間放一大坨草莓果醬，所以當其他人跟這些飛動的異類抗戰時，保羅的攻擊者只在他的帽子上嗡嗡作響，沒給他找太多麻煩。

和馬克的想法恰恰相反，我們認爲這片土地離公路夠遠，沒有安全上的顧慮。我們明白這裡凡事都得從頭開始——包括電線、電話線、化糞池、道路、圍牆、人行道、橋樑、園林造景、各種許可證以及一切叫得出名堂的設施；但我們還是立刻動身，跟長年擁有這片土地的赫拉卡利家族商討購地事宜。喬治·赫拉卡利後來成爲我們的維修主任，在營區逐漸成形的最初幾年，他對營地的實際開發功不可沒。相對於爭取愛許福鎮和東福鎮的許可（這塊地有一小部份落在東福鎮境內）時所花的力氣，土地所有權的轉移算是很輕鬆的工作。就地皮規劃許可方面的問題，保羅寫了封說服力十足的信，寄給當時的愛許福土地規劃與分區委員會主席魯道夫·梅克瑞：

> 此營大致上的概念，萌生於我這兩年來漸漸體悟到的需求與需要。那些為了重症病童（其中許多孩子罹患了絕症）而要求資助的呼聲，激起我展開這項行動的決心。我盼望，這個專案能為一些受苦的孩子帶來平靜與幸福，暫時舒緩他們

的苦痛和煩惱。我確信愛許福鎮與整個週遭地區，很有理由因為這項專案，以及此營將在許多孩子們生命中扮演的重要角色而深感自豪。我相信愛許福營區，將因為這項大家共同參與的人道計劃而聞名於世。

步入暮年之際，我深切體會到長壽得來不易，而成就與幸福圓滿的感覺，不過是運氣造就的結果。在此同時，我想起一些孩子在厄運一時興起的玩弄之下，活生生被剝奪了生存的權利。

我不禁想著，要是能給這些孩子幾個星期，讓他們在老派的營地經驗——正如讓我記憶猶新的那種童年經驗——這張大傘之下齊聚一堂，發展出惺惺相惜的情誼，是多麼有意義的工作啊！

除了應付都市分區委員會之外，還得參加一次次的鎮民大會（康州州長也曾親臨其中一次會議），而且爲了取得化糞池、電線、營地等種種執照，我們跟當地公務機關打交道的次數已經多到數不清。

此時，我們接到山姆．羅斯醫生來信，他在附近經營一個專爲精神障礙的孩子服務的「綠煙囪」營區，願意針對我們的需要而提供他的專業知識。羅斯醫生寫道：

我從一九四七年起，便創立並經營這家綠煙囪學校暨兒童服務中心，一年三百六十五天無休，我從一開始到現在從未缺席。小兒原就罹患霍金斯症，他自史丹佛大學醫學院畢業之後，明白自己無法行醫，因為他的病體已經愈來愈虛弱了。我最近在《募款》雜誌上看到一篇短文，得知保羅．紐曼和A．E．哈奇納將為絕症病童創辦營區。小兒大衛同我都看到這篇文章，大衛表示，爸爸，你何不聯絡他們，你懂得如何經營營區，或許能提供一些幫助。我深信耶魯—紐哈芬醫院的能人將提供傑出的醫療服務，但我可以分享我在教育、娛樂、職業和心理等層面的經驗，或許能為你派上用場。

我們立刻接受羅斯醫生的美意，發現我們找到的是一個真正獨特、睿智、直率且敏銳的人物。營地的創立，以及這些年來之所以能愈挫愈勇，羅斯醫生可說居功厥偉。

如今，土地問題解決了，營區籌建小組也各就定位，但是P．L．紐曼急驚風的性子還是讓所有人大開眼界。他堅持從勾畫建築藍圖到整個營地竣工，一切得在一年之內完成。

所有人都說，這是不可能達成的任務。

保羅的態度是：我們當初是怎麼爲推出沙拉醬而使力的，現在就怎麼投入這個營地。

五年前的夏天，我初次來到牆上窟窿營地。當時，我是個短頭髮的十二歲小孩，得了非霍金氏淋巴癌，正在進行化學治療。到了第二年，我才明白我在這裡結交的朋友，和我在其他地方結交的朋友不同。我度過了生命中最美好的一個夏天——直到隔年夏天的降臨，那年夏天比前一年更美好。接著，下一年的夏天又到來——最美好的日子又成了這一年的夏天。過去五年來，最美好的記憶便這樣不斷翻新。如今，我身體康復了，今年將是我在這個已成了我生命中堅強堡壘的最後一個、也是最美好的一個夏天。這不是一個關於病童的營地。為病童服務，的確。然而一旦穿越大門，重點就完全不在於此。它的重點是生活——每位前來參加夏令營的兒童無法在其他地方領受的生活；盼望世上多數兒童永遠不須面對這樣的命運。我在這個營地孕育了我的人格與生命。我愛這個地方、這裡的人們，此刻起，不論我身在何方或從事何種職業，牆上窟窿營地將永遠伴隨著我。

——諾拉・摩里斯

CHAPTER 19

當畢比院長聽說我們預計讓營地在一年之後落成並開幕，他試了一切辦法要我們打消念頭。「現在是一九八七年六月，」畢比院長說，「你認爲我們可以在一九八八年六月以前就緒，搞定所有工程，開始舉辦活動？讓我把待辦清單上的事項一件件唸給你聽：化糞池、飲用水水井、道路、電話線與電線、最先進的奧運規格溫水游泳池、二十二棟建築，其中像是餐廳大樓一類的建築，都是些繁複浩大的工程，另外還有十三座以特別的加拿大木材建造的小木屋、湖泊疏浚工程、室內裝潢、電氣設備、配備了所有複雜醫療器材的醫務室……我們現在連建築藍圖都還沒著落；一般來說，光從草圖到藍圖定案，就得花上一年的時間。你得從衛生稽查員、消防局、環保局等等取得許可證。此外還有沼地、電話系統網絡、輸電線路、高爾夫球車、卡車、辦公器材、園景設計、鋤草機、電腦，凡此種種——對了，財務問題怎麼解決？預計需要一千萬元資金，你得去籌措。接下來還得招兵買馬——管理員、維修工、廚子；別忘了還有保險的問題。能在一九八九年竣工，就算很幸運了。」

我們一步也不肯退讓，說什麼都得在一年之後開幕。我們曾經把產銷專家的勸阻和悲觀看法撇在一旁，對於他們認爲應該做的工作以及這些工作得耗用的鉅資，我們根本充耳不聞；如今，我們將再度挑戰專家意見。

他們說，「假使成功找到一群病童參加明年的夏令營，卻因爲你們尚未就緒而害他們大失所望，那該怎麼辦？」

「但假使一切準備妥當，」我們說，「那麼，一千名病童就可以擁有一個原本無法享受的夏天。我們甘冒風險——如果我們辦到了，他們就辦得到。」

「秋天以前絕不可能動工的，」建築師們這麼說，「這表示工程進度會跨越整個嚴冬。你也知道那兒的冬天多麼難捱，又刮風下雪又結冰的，氣溫降到谷底。」

「我們是一對手氣正旺的賭徒，」我們回答，「這也不是我們第一次和莊家對賭。」

我們從皮爾森醫生那兒得知，癌症是全球各地最常見的兒童疾病。我們可以邀請全美各個角落的孩子前來參加營隊活動。醫生表示，其中七成的病童捱不下去，但有三成的孩子存活下來——無論如何，我們知道假使一切順利，我們將賦予他們一段暢快淋漓的好時光，擺脫醫院的陰影。假使一切順利，我們將會連帶帶動其他營區的興起，所以說愈早開幕愈好。醫生說，有些孩子從沒有機會體驗家裡或醫院以外的生活。我們看過的那些營區，是多麼井然有序而冷冰冰啊！假使一切順利，我們的營地，差不多就像吉普賽人那樣的井然有序。

「我初次跟保羅及哈奇會面，」湯姆．畢比說，「是在紐曼私傳的辦公室裡。他們拿保羅的舊露天傢俱和一張乒乓球桌權充辦公設備，牆上掛著惹人發噱的標語，非常有意思。一見到這樣的辦公室，各種可能性霎時湧上心頭。這可不是一般的客戶。他們是一對願意冒險、幽默感十足，而且勇於嘗試的傢伙，讓我們動了念頭，想要創造出眞正別出心裁的作品。在此之前，我把它當成一件尋常工作。然而一旦明白他們多麼不拘泥於常規，我就知道我們可以充分發揮自己的想像力。」

「最初，保羅希望打造一個酷似《虎豹小霸王》場景的西部小鎮。於是我試著拿它作爲建築上的中心概念。在康乃迪克州放上這樣一個概念，似乎有些奇怪。我除了在耶魯教書之外，還在芝加哥開了間建築師事務所，我的幾位重要夥伴，都和我一起爲這件案子效力。」

畢比一開始的設計，仍然不脫傳統營區的影子，總大樓四平八穩地落在小鎮中心。我們的反應不太熱烈，感覺上還是太制度化了。保羅挑明地說，我們要的是完全脫離建築章法、隨性所致、無拘無束的感覺，不能流露任何正統或教條的色彩。於是，建築師們重起爐灶，從頭設計一個小鎮，總大樓所在之處即爲小鎮中心，小木屋隨性地落居它的四周。餐廳看來會是日後公共集會的中心，但它的外表像是基督教震顫教派（Shaker）式樣的穀倉。行政大樓有如鎮公所一般，有圓柱和山形牆，外觀是典型的神殿；它將是權力中心，店面由此沿著街道兩邊拓展開來。每家店面都掛著一面符號性招牌，象徵這家店從事的工藝。此外，體育館形似馬棚，還裝上幾根木樁。

「保羅的建築理論，」畢比說，「就是每當面臨從善如流或標新立異的抉擇時，總是選擇與眾不同的做法。他們倆都排斥任何系統化，或帶有絲毫制度化色彩的東西。

所以，我們設計了這個無憂無慮、充滿樂趣的調性，帶著點夢幻世界的味道。這個小鎮是個幻想國，孩子們可以忘掉過去，把眼前的醫療問題拋到腦後。那成了整個營區的主軸，整個場景頗有電影效果。每個人都很坦率，直陳心中的想法。保羅和哈奇會權衡輕重，最後達成仲裁，所以事情進展迅速。這不像尋常的建築流程，你通常會針對問題沒完沒了地考慮再三，因爲這個營區根本沒有結構可言。保羅和哈奇總是當場制定決策。我們不斷激發出新點子，也曾丟掉許多瘋狂的念頭。保羅和哈奇合作無間。保羅顯然是推動整件事情、激勵人心的動力所在，而哈奇總是在一旁陪襯，不過，他也有自己的觀點，兩人有時看法相左，有時意見一致。他們默契十足，兩人總是以一種既有趣又有效的方式嘻笑怒罵。哈奇有許多點子，有些可行，有些不可行，不過，保羅的手總是穩穩地掌著舵。」

畢比將他芝加哥辦公室裡的全部人力投入這項工作，所有藍圖都在他們下榻的汽車旅館餐桌上繪製完成。他們徒手繪圖，然後遞給我們看；我們會提出建議，他們再修正草圖，帶回芝加哥。每一棟建築物都不相同，所以畢比辦公室裡，每一個人都得負責設計一棟建築，總共有超過三十棟大樓。他們花三天時間埋首設計，然後將草圖貼在辦公室牆上，彼此評論以求進步。不過，每棟建築的個性都受到仔細維護，不容出現同質化的現象——於是乎，各個建築截然不同，因為各自出於不同之手；這讓整個營區呈現別種方法無法取得的多元化與生命感。

為了避免和一般營區如出一轍的傢俱，畢比的三位員工踏遍中西部所有跳蚤市場，帶回好幾卡車的傢俱。

「買回來的傢俱，一度讓我非常緊張，」畢比說，「畢竟，許多貨都已經東倒西歪，看起來奇形怪狀，我不確定是否能得到保羅和哈奇的首肯。於是，我請他們來芝加哥一趟，瞧瞧這批愈堆愈高的傢俱。他們來了，而他們的熱忱不輸於我。對此營地而言，這是個完美的策略，因為在這種瘋狂的庫存之下，你可以無止盡地更換個別傢俱，無須擔心整體風格或其他類似問題。我們必須從藍圖直接進入生產。每棟建築都有自己的一套程序，而我們盡力讓它們迅速完成。我們在幾週之內完成繪圖，盡速將藍圖遞交出去。這不是一件容易的事，因為到了最後，每棟建築都是個複雜的工程。全都採用厚重的木料。有一次，預備用來搭建餐廳大堂的木材遺失了。火車駛離了蒙大拿，卻從未抵達康乃迪克。我們循線追查，最後發現它跑到明尼蘇達北部的一條小岔線去了。

「當時，還得面對興建小木屋的困難度。我們前往加拿大，拜訪一位建造木屋的專家。我們到了一個前不巴村、後不著店的小地方，找到一間偏遠而簡陋的棚屋，幾個工人窩在棚屋後頭的堆場上削木材、蓋木屋。整個氣氛瀰漫著石器時代那種古樸的味道。建造木屋是件困難的工作，因爲用作建材的新鮮木料，總會縮個八吋或十吋。因此，我們設計的每一扇窗，都得將木料收縮的因素考慮進去。美國本土沒有人熟悉這套程序，不過這些加拿大人聰明得很，找出了其中的竅門。

「我們從未以如此隨性、或如此快速的方式工作。我們在餐廳裡開會，一邊吃飯，一邊大剌剌地在餐廳地板上展開藍圖，討論建築結構細節，無視其他客人存在。我們逐一完成各項建築的討論，終於全數獲得核准。保羅對每位成員都抱著高度信心，他想當然耳地認爲一切終究會圓滿順利。他從未質疑任何人的能力，從未暗示這是件艱困的任務，只是希望把事情辦成。他並非不講情理，不過，他全程參與設計階段，熟知每一道漆的顏色、每一件五金設備的模樣，因爲每道細節都經過他的審核。

「建造這個營區，是一次獨特的經驗，因爲一般建築工程不可免的繁文縟節，在這兒全都看不見。這項工程從一開始，就散發著一股神奇魔力，因爲每個參與其中的人都全心付出，無所保留。況且，每個人都信奉這個理想。建築工程通常帶著點敵對競爭的味道，團隊裡的成員——包商、建築師、業主——往往試著互別苗頭。但在這個案例中，我們超越所有尋常的建築問題，而此地的精神，也融入了工程流程中。我們就像一群正在蓋沙堡的小朋友，有種虛幻不實的感覺。我想，整件事之所以流露著這種了不起的美好氣氛，原因就在於此。這種全然天馬行空的想像力，在動工期間、在土地的使用方式上，以及在構思建築面貌的過程中發揮了效力。我想，每個人都試著想像孩子們使用這些建築以及穿梭於其中的模樣，而這些想像其實一開始就融入整個藍圖中。我從來沒有參與過這樣的案子，那眞是個神奇的時刻。」

不論遭遇什麼難關，我們總是試圖勇闖而過。就拿湖泊的問題爲例吧。我們打算造一個沙灘，供孩子們游泳。美國陸軍工兵部隊自告奮勇。他們清除湖底廢石，完成水壩的補強工作。但當他們著手整頓沙灘預定地，開始清除淤泥時，才發現那裡聚居著一群爲數驚人的水蛇，巨大無比的水蛇。這麼一來，大夥兒都打消了在那裡造沙灘的興趣。

爲了申請各種許可，我們得跟地方官員打交道，不過一開始，我們做得並不好。第一次的會議，是由建築師和耶魯人士與地方官員在圖書館密室會商。當地居民非常官僚；新英格蘭的小鎮自有一套做事風格。結果，他們設下許多路障，看來不打算給我們行個方便。於是，畢比邀請保羅在下一次會議中露面。一個月之後，我們驅車北上愛許福，會議地點由圖書館密室移師學校的體育館，與會人數由四人暴增爲四百人。至於我們申請的許可，不論保羅提出什麼要求，他們都一一照准。

「實際動工期間，」畢比說，「不斷上演著這種界乎嚴肅與戲謔之間的戲碼，這是哈奇和保羅的拿手好戲。他們老愛以挖苦的方式逗樂子，然後擺出一副道貌岸然的模樣。這其實就是營地的精神所在。當你和保羅跟哈奇交談時，你會感受到生命其實是非常嚴肅的，但你不能過於認眞，而在幽默和逗趣之中，也能傳達出深沉的理念。我想，到了最後，這種態度不自覺地融入營地當中。你若到這兒來，我相信你會覺得這是一個有趣而快樂的地方，但不是迪士尼式的快樂。基於營隊兒童的狀況，這個營地顯然流露著一種憂傷色彩。而快樂與憂傷的交織，竟然產生一種我以爲極其發人深省的效果。」

營地是一個讓你學習如何善用生命的地方，因為你可以做各種原以為再也沒機會做的事，例如釣魚或騎馬；而你之所以以為自己沒機會做這些事，是因為就算沒有突然發病，光騎上馬背就讓人覺得困難重重。營隊讓你知道，除了整日躺在病床上或墳墓裡，你還有其他事情可做。我想，不必花錢真的很酷，因為孩子們付完醫院帳單之後，口袋裡也沒剩幾毛錢。而且，他們終於能夠開心玩樂、享受剩餘時光，真的是太好了。我認識一些新的朋友。很高興能遇見其他病童，因為他們在你狀況不佳時陪你度過，而你也在他們情緒低落時予以扶持，彼此相濡以沫。就像我對大衛的幫助。那天，他哭得十分傷心，因為他腦中長了一個瘤，我陪他說話，鼓舞他的士氣。他是那麼可愛，我就是情不自禁。我對他訴說我的故事，我原本也長了顆腦瘤，不過經過放射線治療，現在已完全根除。這讓他好過些，因為我給了他希望，讓他知道自己得了個好朋友。或許有一天，當你心情低落，他也會為你鼓舞士氣。我不在乎男朋友頭頂上光禿禿的，因為我也曾經這樣；我不畏懼這幅景象。我想，營區裡充滿著希望、愛、笑聲和信心，它們猶如青草一般生生不息。

——凱蒂・馬汀

這封信在我心底，已經醞釀好一陣子了。去年三月，小女布麗姿在度過八歲生日的隔週，經診斷罹患了ＡＭＬ（急性骨髓性白血病），一時之間，全家在這突如其來的打擊之下完全亂了方寸。布麗姿一直是個健康、活潑又漂亮的小女孩。她上學、交朋友、跟兄弟姊妹偶有口角，和任何一個正常的八歲小孩沒什麼不同。她從不生病，從不需要住院，也從未基於任何特殊疾病而接受治療。她非常討人喜歡，個性隨和，是她父親的掌上明珠。她留著及肩的淡金色頭髮，皮膚白皙，臉上常常帶著笑容，露出她的小酒窩。我們發現她病得這麼沉時，心中震驚的程度自不待言。如今，還得面對化學治療、輸血，甚至骨髓移植等議題。曾有幾個月的時間，化療成功地遏止病情擴散，布麗姿因而得以在一九九七年八月參加牆上窟窿幫生活營。就我記憶所及，把她丟在那兒，是我做過最困難的行動之一。

突然之間，牆上窟窿幫營隊成了她的營隊。她給我們看她自己動手做的美勞作品和小玩藝兒，向我們傾吐她騎馬和游泳的故事。後來，布麗姿再度受邀參加九月的慶典活動。有機會和茱莉亞・羅勃茲、保羅・紐曼、卡洛・金，以及其他眾多名人會面，讓她開心不已，我們有幸看她登上舞台，而且後來還收到一捲錄影帶；我們將永遠珍藏。布麗姿還得以參與十一月的營隊團聚，以及十二月的聖誕舞會。事實上，我們家最珍貴的照片之一，就是家裡四個小孩坐在聖誕老公公和老婆婆腿上的合照！布麗姿在相片中看起來是那麼快樂、健康，我們根本無從知道她的病情會在短短兩週內急轉直下，而在今年二月與世長辭。

感謝營隊的每一份子，你們讓她在地球上的最後一季夏天明亮一點。最近，我找到一本屬於她的營隊歌譜，其中有一頁被折角做了記號，是她最喜歡吟唱的一首歌——《夜空裡的星星》。

——蘇·迪東米茲歐

CHAPTER 20

那年秋天，幸運女神無疑向我們豎起了大拇指。首先，一個名叫席蒙·可諾瓦的大好人，慨然提議免費替我們監督工程，一般而言，監工費用就佔了總成本一成。席蒙初來美國的時候，還是個一貧如洗的俄羅斯移民，不過他創立的建築公司，逐步成爲康乃迪克州規模最大的企業之一。後來，席蒙派來一位在日後整體作業中佔了最重要地位的人物——工程監工。當這位親切而生嫩的二十六歲監工第一次現身時，紐曼簡直氣炸了。他打電話給可諾瓦，「席蒙，你派給我們一個還包著尿布的小鬼！一個軟綿綿的奶油捲！我們完蛋了。」

「咱們拭目以待吧。」席蒙這麼回答，隨即掛了電話。

麥克·科拉考斯基以實力證明自己才不是什麼包著尿布的小鬼，反倒像是戴爾·

卡內基和阿諾・史瓦辛格的綜合體。他具有牛頭犬那種頑強的決心，以及四十二街上的叫化子那種百折不撓的耐力。他在工地上弄來一輛流動拖車，在裡頭發號師令，一如戰場上的大軍統帥。他琢磨出一套循序漸進的建造方法，紙上談兵時似乎不可行，但實際建造時就是行得通。一棟接著一棟的建築物一一落成。每棟建築完工之際，他會拿一種叫做維斯昆恩（Visqueen）的乳白色塑膠布覆蓋，以免被泥濘弄髒了，然後移師進攻下一棟建築。他足智多謀，讓每個人都保持樂觀。紐曼開始給他取了個綽號：「斧頭」。

秋去冬來，幸運女神終究失去了淑女風範。那是有史以來最嚴寒的一個冬季——降雪量破了紀錄，氣溫持續在冰點以下徘徊，冰雹、狂風，讓人彷彿置身於北極圈裡。

斧頭鎮定如常。他手邊願意工作的人手不多，只好求助於加拿大，到那兒尋找習慣在嚴寒環境下工作的工人。無論氣溫多低、風雪多麼狂暴，這班人風雨無阻，蓋著不用鐵釘、而是採用困難的公母槽榫接法興建木屋。一天，我們穿越冰天雪地，驅車北上，招待工人到營地附近一家煙霧瀰漫的館子吃飯。這家叫做鏽釘子的小館，裡頭有撞球台、生啤酒以及伐木工人典型的餐點。快手艾迪（譯註：保羅・紐曼在《江湖浪子》及其續集《金錢本色》中飾演的角色，是一位天才型撞球好手）和工人們打撞球，而且輸了（故意的？）、一起射飛鏢、拿瓢子餵他們喝百威啤酒。他和工人們打成一片，身兼啦啦隊和教練的角色，講些他最擅長的無情笑話，在傻瓜相機前擺姿勢，在襯衫、菜單甚至一兩顆光頭上簽名。他們是熱情賣力的一群，只待一聲令下，便會爲吉伯奮勇向前（譯註：George Gipp是美國大學足球隊中最偉大的球員之一，一九二〇年賽季的最後一場比賽之前，Gipp不幸染上重病，抱憾以終，病危期間留下遺言「爲Gipper贏一球」，從此成了美國足球場上用以激勵人心的話），頂著狂風衝過雪堤，在終場結束之前達陣得分，取得最後勝利。

皮爾森醫生表示，「我的首要工作是添購設備、招兵買馬，建立完整的醫療設施，然後想辦法引誘病童加入營隊。我曾在紐曼位於西港的穀倉裡召開會議（下方的馬廏就是紐曼私傳沙拉醬誕生的地方），廣邀新英格蘭地區各大醫院的血液科和腫瘤科主任，包括波士頓兒童醫院、達那法柏、麻州總醫院、塔夫茲、烏斯特郡、春田、紐哈芬以及哈特福等等。那是一個具有特殊任務的醫學智庫——沒有人曾經參與創立一個不論軟硬體都為這些兒童的特殊需求而量身定製的營區。我們試著計算，有多少病童可能可以參加營隊，也試著想出一套說辭，以便讓家長和醫生相信我們已預先考慮所有緊急狀況，而且有能力應付突發事件。

「我們最優先的當務之急，是邀請那些基於疾病、併發症，或基於治療而無法參加一般營隊的孩子。他們來到營區的最大目的是盡情玩樂，遠離生活中討厭的例行醫療工作；他們可不是來這裡進行治療的——他們或許得靠著治療才能撐過營隊生活，但那將是次要活動。我們的醫務室擁有足以媲美各大醫院的急救設備，我們也將擬定標準作業程序，內容涵蓋所有想像得到的複雜狀況。我們還會設置直昇機起降臺，以便在發生危及生命的緊急狀況時，能將病童空運到耶魯—紐哈芬醫院，這趟空運路程只需三十分鐘。我們一天二十四小時都會有醫生及護士當班，因此，我們能執行一般營隊無法處理的程序。我們有辦法進行一般性的輸血、血小板輸血以及靜脈化療，這讓我們有能力照顧病入沉痾的兒童。」

寒冬才剛剛舒緩，我們就被一股迄今不減的奉獻熱潮給淹沒了——自動自發的捐獻蜂湧而來：當地一間鑿井公司捐了四口井；哈特福彈簧床公司捐了兩百五十張床墊；康乃迪克州議會舉辦一場舞會，哈奇在會中獲贈一張足夠建造船庫的支票；保羅飛往聖路易會見安豪塞・布許（譯註：Augustus Busch，全球最大的啤酒製造商，其知名品牌百威啤酒曾贊助保羅的賽車隊），會議結束時，帶著足以支付營區重心——餐廳大樓——的營造成本、一張將近一百萬元的支票滿載而歸；東部航空銀髮族（一群退休空服員組成的團體）募集了一萬一千元；美國陸軍工兵部隊疏清整座湖泊並修補水壩；美國海軍工程營建造跨越溼地與沼澤地區的橋樑網絡，完成整個營區的環行路線；康乃迪克州游泳協會的成員，儘管平時彼此競爭激烈，仍然團結起來合力捐贈一座游泳池——一家公司掘地、一家填泥漿、一家鋪磁磚、一家安裝加熱設備，另一家則興建更衣浴室——了不起的合作功績，造就了一座頂級的奧運規格游泳池，一般造價大約一百萬美元。落成之日，協會全體成員在池畔舉辦一場洗禮大典，由神父、猶太祭司和牧師共同組成的神職團體進行祈福。那是一場充滿歡喜的盛會，一群競爭者盡釋前嫌，攜手打造了這座壯觀的游泳池，慈善之心在落成當日發出了閃耀光芒。隔天，一切回歸正常，每個成員都在快樂的競爭中以扼住對方的喉嚨爲職志。

整個春天，消防隊員、髮廊、社區團體和學校團體的捐獻持續湧入，他們陸續舉辦了慈善健行馬拉松、慈善演說馬拉松、慈善跳遠馬拉松、慈善單車馬拉松，各種想像得出的「馬拉松」，只差沒辦慈善讀書馬拉松。一個八歲男孩寄來五塊四毛錢，這是他去年夏天在路邊擺攤賣檸檬汁掙得的。

當地一位女士——夏綠蒂．溫納（後來成爲餐飲部及餐廳經理），適時捐出食物及飲料，並且發起園林活動，試圖綠化推土機行經之地留下的一塊塊光禿禿的泥濘地。

儘管這些心力上的貢獻十分重要，財力資助的重要性也不遑多讓。根據國稅局規定，紐曼私傳只能提供營區營造成本的五十％，剩餘資金必須來自其他企業或個人捐款。雷．拉蒙塔尼是早期主動協助籌款的善心人士之一，他是一位投資銀行家，同時也是營區董事會的重要成員，最後更榮膺董事會主席。

一天，保羅接到一通電話，對方是來自沙烏地阿拉伯的年輕人——卡雷德．阿爾黑格蘭，他目前住在華盛頓特區，希望前來我們康乃迪克州的辦公室會見保羅。他曾經罹患一種罕見的血液疾病，需要定期全身換血。他聽說了這個新成立的營區，希望能深入了解。他搭火車上來，是個非常討人喜歡的聰明小伙子。他陪保羅打乒乓，討論擱在球桌旁的營區模型。要是在他還是個病厭厭、孤零零的孩子時，卡雷德說，有這麼一個營區存在的話，那該有多好！他表示願意協助營區募款。保羅說，「好啊，」這句話的意思是，「我知道了，但我可不抱什麼指望。」

過了十二天，卡雷德捎來電話，表示法德國王同意捐款，但要收到款項，我們得前往沙烏地駐華府的大使館參加捐款典禮。我們一行人以代表團身分出席，完全沒料到，保羅從他們手上接過一張開給牆上窟窿幫的支票——五百萬美元！根據沙烏地的習俗，任何公民都可以謁見國王進行請願，卡雷德於是請求捐款。卡雷德的父親曾擔任沙烏地駐委內瑞拉和華府的大使，至少可以說，這讓他佔了一點便宜。如今，營區的營造成本差不多湊齊了，不過，後續工程——例如兩年後興建的戲院——讓最後成本大幅竄升。打從營區創立之初，卡雷德便是一位貢獻良多的董事會成員。

無懼於大風雪、輿論懷疑，以及遲遲下不來的許可證，我們仍然全速前進，聘用了一位營區總監（透過搜尋委員會之力）；從大學招募營隊輔導員；完成廚房的人力配置；買馬匹；爲船庫添置划艇、皮筏和釣具；添購工藝大樓、辦公室、體育館、小木屋和圖書館的裝備；並將那些毛茸茸和蓋著羽毛的居民安頓在寵物動物園裡。

最後一批工人、推土機和營造拖車，差不多是在一九八八年六月，第一批孩子陸續抵達之際才收工離去。開幕頭一天，我們站在接待區，迎接第一批一百個孩子的抵達。當見到只有四十六位前來時，我們的失望之情可想而知。營區打著保羅的名號，並不能激起病童家長太多熱情。我們以爲自己坐擁與生俱來的條件——其實不然。第一梯次的活動中，輔導員的人數比學員還多；不過結果證明，只來了一半人數其實是上天保佑。孩子們要是全員到齊，我們那些缺乏經驗的工作人員將會完全慌了手腳。在半滿的情況下，我們得到時間調整自己，這才有辦法一一對付難題。

「我們是一群在首航的營隊中首次擔綱的輔導員，」如今任職執行總監的吉米・坎頓說，「第一批孩子抵達之前，我們歷經爲期一週的新生訓練，每晚聚在餐廳裡，大約四十或五十人的全體工作人員圍成一圈，提出這類問題：我們要如何帶活動？日程上的安排是什麼情況？三餐飯後要做些什麼？第一批營隊中，工作人員的數量比孩子們還多，我們得央求孩子們留下來，參加一次又一次的活動，這樣才能把床鋪塡滿。

「第一梯營隊的最後一夜還歷歷在目符（每梯次大約八到九天）。我們在黃區木屋的屋外後頭唱著：『我們今日在此，在此相聚／我們今日在此，在此相聚／下次聚首不知何年何日／但是我們今日在此，在此相聚。』我牽著一個小男孩的手，他叫做威爾森，是個防衛心很重的孩子。幾天活動下來，我壓根兒無法進入他的心靈世界，他一直拒人於千里之外，不願意卸下心防。牽著他的手唱歌之際，我對自己說道，天開始下雨了。我記得自己抬頭想著，沒有下雨啊。是他的淚滴滴到我的手上。

「唱完這首歌，我們走進木屋，跟孩子們道別；孩子們都在哭，止不住地抽噎著。我自己也陷入深切的哀傷，於是走出屋外。黃區那兒有一塊巨岩，我就爬到那上頭去，耳邊還聽到睡房裡孩子們傳來的啜泣聲。他們都是些八九歲大的小男孩。我就坐在石頭上，忍不住開始哭了起來，然後我開始禱告，祈求上帝引領我度過這個夏季，因爲當時，我不知道自己是否撐得下去。

「第一梯次結束之後立即發生另一件事：我們的學員之一，在離開營區幾天之後過世了。這讓我們每一個人深感震撼。輔導員都明白，他們需要某種理解過程、需要淨化自己，需要調適的時間。於是，我們走到湖邊的印地安小帳棚旁，升起營火。那兒有一樁大木頭，我們圍著它點起了蠟燭。那個小男孩的名字是菲力普。我們分享關於他的故事、營隊生活中難忘的片段，以及我們多麼感激和他相處的時光。他的病情確實很嚴重，但我們從來沒想過，他很可能無法戰勝病魔。

「孩子們初抵營區時，你一眼就可以看出他們的羸弱，但你對他們的認識還不夠深，不足以判斷是否投入感情。情況並非：噢，這可憐的孩子！或者，噢，這眞讓人無法承受！心裡的想法其實是，他需要關懷，他需要愛，讓我們給他一次眞正特別的經驗。這是只能意會不能言傳的。我想，來到此地的輔導員都明白，這是與那孩子分享時光的美好機會。」

我們以爲，這個專爲癌症病童（其中七十%終將離開人世）設立的營區，會瀰漫著一股醫院特有的氛圍，而那些正在進行白血病治療，或正在進行放射、化學或其他治療的孩子，身體都會虛弱不堪。許多孩子會掉頭髮，有些失去了手腳，有些胸膛上還插著導管。眞正叫人大吃一驚的是，營隊生活全然不是那種陰鬱沉重、恍如置身醫院裡的感受，反之，對孩子們或對我們來說，這都是一次快樂的經驗。從踏進營區的那一刻起，孩子們就展開了生命中最開心的一段時光。不論坐著輪椅或撐著枴杖，能走路的推著不良於行的前進；還有頭髮的替沒有頭髮的在光頭上作畫。每個人都徹底解放。

他們曾被關在醫院裡，與整個世界隔絕，如同社會邊緣人般地活著，還受到其他孩童的奚落。他們不能玩球，不許做許許多多的事。如今突然之間，週遭淨是和他們同坐在一艘船上的孩子，而耳邊聽到的淨是：對啊，趕快上馬，你可以騎馬，我們或許得扶著你，陪著你，但你確實可以騎在馬上；來啊，趕緊上船，你可以捕條魚。這是他們從未嚐過的全新經驗，是他們年輕生命裡，最愉快的一段時光。

我們不知道是什麼因素激勵著第一批的年輕輔導員，他們多半還就讀於大專院校。他們帶著滿腔熱情和抖擻的士氣前來服務，在我們眼中，他們就是牆上窟窿幫的縮影。這股精神至今猶存，從開幕頭一天起便與營區同在。當訪客們看到孩子們和這群輔導員的態度，總會問，這些精力是打那兒來的？彷彿那兒的飲水有什麼神奇功效。但令人意想不到的實情是，營隊經驗是那麼鼓舞人心，不論對孩子們，或對他們週遭的人——包括我們在內——都是如此。

最初，我們將此地設定爲全年開放的設施，不見得要舉辦營隊活動，可以在淡季時邀請痛失子女的家長前來，讓他們分享彼此的經驗與感受。也可以邀請失去手足的人、邀請需要從讓人筋疲力盡的例行工作中喘一口氣的護士，或者讓腫瘤科醫生在這裡開會交換意見。這塊營地可以有多種不同的淡季用途。我們曾辦過幾場此類的零星活動，不過，我們如今已動工興建新的會所，預計營隊活動將可以跨越整個冬季照常開放。

皮爾森醫生說，「行醫生涯中，我曾經見過許多患有鐮狀性細胞貧血症的孩童；這是種遺傳性的血液疾病。成千上萬的孩子深受其苦，主要是些非洲裔美國人，他們的生命因而提早結束。這項疾病的名稱，源自於形狀像鐮刀一般的紅血球，兩頭尖尖的。正常的紅血球呈現圓形，可以順利地流經血管。不過，鐮狀細胞的尖刺容易嵌入血管壁，導致難以忍受的劇烈疼痛，產生往往需要以嗎啡或其他強力止痛劑鎭痛的危急情況。

「一般營地無法接受這些可能隨時猛然發病、痛苦萬分的孩子，不過我們替他們舉辦了特別活動。我們得知，可能引發危機的情形之一，就是跳進正常水溫的游泳池裡。於是，我們突發奇想，把游泳池的水溫提高到前所未聞的華氏八十五到九十度（譯註：攝氏二十九到三十二度），結果，許多孩子破題兒第一遭地游了泳——事實上，這還是許多人第一次踏進游泳池。在鐮狀性貧血兒營隊活動期間望著游泳池，看看滿坑滿谷的孩子打從出生以來頭一次開心戲水，眞讓人打心眼裡感動起來。爲了在他們離開水池時提供保護，我們蓋了一座加裝暖氣的露台，輔導員管它叫做炸薯條機。這麼一來，他們可以安心離開游泳池，擦乾身體，保持溫暖，而游泳和鐮狀細胞貧血症之間的痛苦情節幾乎完全消失。」

回顧一九九〇年代，當時，愛滋病毒（HIV）仍是個未解之謎，人們普遍聞之色變，以一種類似歇斯底里的反應面對它。兒童因爲帶有愛滋病毒而不准上學，家庭因爲孩子帶有愛滋病毒而被掏出家園。當然，這些孩子根本不可能有機會參加夏令營。因此，當皮爾森醫生提議爲垂直感染愛滋病毒——也就是一出生即從母體感染愛滋病毒——的兒童進行早期實驗性的活動，我們便竭盡所能設法了解其中涉及的風險。基於我們所做的研究，我們相信一般性的接觸並不會造成眞正重大的危險。於是我們決定著手舉辦實驗性的活動，稱之爲「免疫學營隊」，藉此掩蓋愛滋病毒的標籤。家長們擔心，孩子可能因參加這種營隊而被打下烙印，因此我們嚴格禁止拍攝照片，孩子們的名字也絕不可曝光。結果證明這是一次得宜的行動，因爲隨著時間逝去，愛滋病毒的專家知識開始廣爲流傳，我們最初認同的觀念已獲得大眾接受，再也沒有理由不讓這些孩子參加營隊活動。

我的名字是凱西・泰勒，今年八歲，我有鐮狀細胞貧血症，打從我一出生就得了這種病。

鐮狀細胞讓我的血球和其他人的不同。我的血球像是硬掉的香蕉，會卡在血管中，讓我覺得很痛。還有，只要發燒超過一百零一度（譯註：攝氏三十八度），我就得進醫院打點滴跟驗血，意思就是得被他們弄得痛痛的。我說不上來自己有幾次被弄得痛痛的，次數多到數不清。我每隔兩個月還得換血一次，爸爸媽媽輪流帶我上醫院。

小時候，我以為我的血很髒，我以為每個小孩都得痛痛，但媽媽解釋給我聽，我的血並不髒，也不是每個小孩都得痛痛。我記得最糟糕的一次，是我第一次出現疼痛危機，那就像身體裡有一團大火在燃燒。我在醫院住了七天，哭個不停，只希望疼痛趕快走開。出院回家以後，有好長一段時間，我每天得吃十二種藥，直到身體稍微好轉才停止。

我不希望班上其他同學知道我有鐮狀細胞貧血症，我只告訴我最好的朋友阿曼達。每當我請假缺課，小朋友問我為什麼，我只說我生病了。我從來沒有真正解釋過原因。我並不是因為體內有鐮狀細胞而覺得不好，我只是不希望其他小朋友對我另眼相待。這就是我喜歡牆上窟窿營隊的原因——因為在那裡的時候，人們對待我和對待其他人沒什麼不同。我不需要談論我的病，可以把它完全拋到腦後，只顧開心就好。我最喜歡牆上窟窿營隊的地方，就是輔導員既像家長，又像小孩子——他們照顧你，卻也同時陪著你一起玩樂！

CHAPTER 21

我們搭著保羅的飛機，正在前往紐約盧勝湖附近的小型機場途中。我們和查爾斯·伍德有約，他是個特立獨行、作風豪爽的創業家，在喬治湖一帶擁有許多自己的或持有股份的事業（大逃亡樂園就是其中一例）。查理參觀過牆上窟窿幫營地，他找了一塊原先是觀光農場的地，打算在那兒創辦類似性質的營區。

查理開著一輛古色古香的白色勞斯萊斯前來接機，那是他超大型車庫裡珍藏的眾多名貴古董車之一。他帶著我們巡視如今荒廢了的建築和湖邊空地，包括一座室內游泳池在內。這些建築眞是難以歸類，房間是汽車旅館似的格調，不過，查理仍興致勃勃地計劃著重振這塊地方，讓它更適合兒童成長。一個營地所需的必要條件，那兒一應俱全，從廚房、餐廳到禮堂和小湖，但是整個氛圍和我們營區的獨特風格相差甚遠。

頭一年，我們只有兩百八十八個小朋友參加營隊活動，在那之後，不僅年年客滿，每年夏天迎接一千多位學員，甚至無法容納每一位申請合格的兒童。查理的營區可以幫忙吸收一部分學員，而且，我們那兒的年齡層是七歲到十五歲，這個阿爾崗金族印地安營地——查理封爲「雙工字型林中窟窿農莊」——最高能接受到十七歲的孩子。此外，查理指出，營地旁的河流能提供泛舟之樂，週遭地形也適合冬季滑雪。

對我們而言，這是最初理想的一部份——在康乃迪克開辦一個營地，激發全國各地營區的成立。由於癌症及相關病症是最常見的兒童疾病，盡可能在各地創辦此類設施，是一件刻不容緩的需求。我們營區接待過的兒童，遍及於美國、歐洲與亞洲各地，但他們必須長途跋涉才能抵達。

於是，我們順著查理的意思，拿出一點錢做創立成本。他自行籌組專屬的董事會，我們則幫忙他訓練輔導員，並在計劃起步之初提供人力上的協助。接著，他們在營區總監馬克思．游仁達的帶領之下，齊心協力地著手改造營區面貌，在農場設立方便殘障人士進出的通道，將老舊的滑雪木屋改造成工藝中心；印地安圓錐帳棚、營火場、越野障礙跑道、禮拜堂木屋，以及一個住滿了山羊、小鹿、小雞、小羊和其他動物的寵物園，全都在這塊被壯麗的阿爾崗金森林和湖泊團團圍住的三百二十畝地上一一建起。

林中窟窿上了軌道之後，對兒童們的深遠影響一點兒也不遜於牆上窟窿營地。「我參加過其他營隊，」一個孩子說道，「每個人去那兒的理由都千篇一律。這兒就不一樣了，在雙工，那麼多人承受著和我不同的問題，有些人是身體上的疾病，有些人正在對抗癌症病魔，還有些人的血液出現了狀況，但人們彼此學習，相處愉快。有時候，看到長相異樣的人，會突然心裡一驚，可以一兩天之後，就會明白他們其實並不可怕。你最終結交了各式各樣的朋友。游泳池、繩索……所有設施都很不錯，但是一切都比不上大家同舟共濟，一起變得愈來愈強壯。」

馬克思·遊仁達記得一位小女孩，醫生宣佈她只剩下短暫的生命，但她決心繼續參加好幾個月以後的營隊活動。她靠著意志力撐到了下一次會期，讓醫生們大爲吃驚。「我們讓她自行選擇活動，她的笑容照亮了每一個房間。遺憾的是，她在離營回家之後不久就過世了。我們曾說，奇蹟在這兒發生，一次出現在一個孩子身上。對我而言，那女孩就是這段話的最佳寫照。」

一年後，我們聽說佛羅里達州若干人士，打算在佛州中部創立一個叫做沼溪幫的營區。促成此營區成立的推動力量，是一個了不起的十四歲女孩，名叫珍妮佛·馬西，她曾是牆上窟窿幫營隊的學員。珍妮佛三歲大的時候，經診斷罹患神經母細胞瘤，這種發自腎上腺和神經系統的癌症，會引發多種良性及惡性腫瘤。手術和一般治療遏阻了疾病的擴散，但她前九年的時光，一直活在腫瘤突然迸發的恐懼之下。她總共歷經了七次手術。

珍妮佛的雙親都是心理醫生，不過她的父親尼克，覺得自己和病人的需求愈來愈疏離，最後放棄了行醫工作。「人們對我訴說他們的煩惱，我會聽到腦海中有個聲音在說，『那不是什麼問題……你想聽聽眞正的煩惱嗎？』珍妮佛九歲時，脖子上長了一圈惡性腫瘤，這場仗從那時候起就愈來愈難打——密集的化療、放射線治療、骨髓移植。」

馬西一家人雖能在各方面協助珍妮佛，卻無法觸及她心靈深處的感受。「我們試過心理諮商，可是她沒辦法跟我們談論癌症。所有方法都不管用，直到她前往牆上窟窿幫營地，和一群受到同樣折磨的孩子度過兩個星期。讓珍妮佛受惠最深的，並非營隊設計的任何一項活動，而是她和室友們談天說地，熄燈之後壓低了聲音吐露心事，談論她們的生活、她們的經驗，以及她們如何應付疾病。我想，她們談的最多的，是有關死後的世界吧。她們沒辦法在家裡說這些，孩子們對你的保護，如同你對她們的保護一樣深。」

珍妮佛返回佛羅里達之後，一直興致高昂，興奮之情溢於言表，不斷稱讚她的營隊經驗，並且迫不及待地說服每一個肯聆聽的人，表示應該在她的家鄉羅德岱堡附近，蓋一座類似牆上窟窿幫的營地。其中一位聽進她的話而且深受感動的人，是她的鄰居大衛·郝維茲，WLD公司的副總經理。「她上門來，」郝維茲回憶，「對我遊說，『你是個有錢人，郝維茲先生，你可以幫助我們起步。』我從沒見過像她這樣的孩子，不過話說回來，我也從沒見過其他瀕臨死亡的孩子。」郝維茲拿出五十萬元給珍妮佛當創業基金，整個計劃就此上了路。可惜，珍妮佛無緣見到它開花結果。

她在十四歲生日過後幾天過世，病危之際，寫下這首詩：

海豚游過無涯大海，
掙扎著穿越每一道新的障礙，
恐懼，擔憂，看不清未來，

儘管重重險阻，
仍要奮力，奮力，
直到筋疲力盡。
她希望前往一個不需步步掙扎的地方，
如今，她的願望終獲實現。

打一開始，所有新手營區會遭遇的問題便接二連三地冒了出來——經驗不足的董事會、收購土地的困難、建築設計、經費——但是，我們的協助以及對此營區的信念始終未曾動搖。我們曾不下十次南下佛羅里達參加董事會，試著夷平不順當的地方，分享我們的經驗心得，並提供營運資金。保羅還一度親自下海募款。

有一回，我們搭機南下，視察董事會選定的一塊地；事實上，他們已經申請了購買土地所需的貸款。這塊地最吸引人的特點，是有好幾條小溪川流而過，匯聚成一面美麗的廣闊湖泊。然而一經查詢，我們發現陸軍工兵部隊預備進行河川改道的計劃，如此一來，這塊土地的小溪和湖泊當然會跟著消失。

儘管主事者笨手笨腳，錯誤百出，但馬西一家人仍爲了實現珍妮佛的夢想而堅持不懈。他們求助於佛羅里達大學甘城校區聖茲醫院的兒童內分泌科總醫師亞倫・羅森布洛姆，以及奧卡拉MFM實業公司總經理、剛卸下佛州商會主席的魏菲德・帕莫。帕莫引介多名商界領袖參與這個迅速擴增的組織，而這群人正是後來帶著沼溪幫籌建計劃和我們接洽的人。我們挹注百萬元資金，PL也號召他的好友泰德・佛斯特曼共襄盛舉。佛特斯曼是一位精通企業接管的華爾街投資人，他不僅跟著捐出一百萬元，而且還誓言加碼另籌一百萬元。

在此同時，帕莫飛往坦帕市，力勸本身爲攝護腺癌存活者的諾曼・史瓦茲柯夫將軍共創大業。大衛・郝維茲開著他的私人飛機，載送將軍和帕莫前往牆上窟窿營地和紐曼會面，並親眼目睹營隊和病童之間的互動。訪問到了尾聲，將軍顯然深受感動，慨然應允承攬重責，此時此刻，PL和哈奇明白沼溪營地勢必成眞。

「那天見到的小朋友們，」史瓦茲柯夫將軍說，「多半是來自貧民區的孩子。瞧他們在那兒——騎馬、乘著熱汽球登高、鬧哄哄地唱歌跳舞，情形一片混亂——而孩子們正該如此。我心裡想著，這兒有個生病的孩子，來自前途黯淡的貧民區，而他正做著原本毫無機會可做的事。其中有些人將不久於人世，然而當我見到他們的時候，他們不過是一般的孩子。這就是重點所在。

「我的腦海浮現一個念頭，一個孩子若因化療而掉了頭髮，他在一般營隊或學校裡會顯得很突兀，會被認作『那個沒有頭髮的小朋友』。在此營隊中，有頭髮或沒頭髮，根本沒有人在乎。

「一次旅行途中，我暫訪傑克森維爾的兒童醫院，巧遇我在癌症營隊認識的一位小朋友。她名叫海勒，正在進行骨髓移植手術。當時，爲了接受新的骨髓，她的免疫系統已幾近於零。受到這等折磨的孩子，得歷經好幾個月的隔離，一次只准一位訪客進入病房探病。他們把我包在白袍和手術面罩裡，然後我走進去探望她。海勒像個胎兒般地蜷縮成一團，眼神空盪盪地凝視著虛無。

「但她一看到我，立刻起身說起話來——而她一心想聊的，不外乎營地。她告訴我她結交的朋友，做過的活動，以及珍藏的一切回憶；我們聊得非常愉快。我也從營隊生活得到許多。我原本以爲，我會以人將軍的身分鼓舞這些孩子，但離營之際我才明白，他們的活力以及對生命的熱誠，已對我產生深刻的激勵力量。

「大約半個鐘頭後，我步出海勒的病房，她的母親展開雙臂擁抱我，開始哭了起來。她告訴我，我是這六星期以來，海勒唯一願意搭腔的人。此時，我才恍然大悟，營隊生活對海勒的意義竟是如此重大。營隊生活成了她生命中的綠洲——是她掙脫疾病桎梏的一大解脫。

「在一個由病房、診療室、護士和殺菌劑構成的世界裡，營區是她唯一能夠奔跑、玩樂、像個正常孩子的地方。

「我們失去了海勒，可是至少，她曾有機會在夏令營裡做一個孩子，那是在她短暫生命裡，年年翹首盼望的時光。這就是我希望落實沼溪營地的原因——就爲了每一位原本毫無機會展開笑顏的海勒。」

一回到坦帕，將軍便向通用磨坊公司（General Mills）及澳坊牛排館（Outback Steakhouse）各募集五十萬元，帕莫跟著接任董事會主席。爲了尋找土地，這一群人前往奧蘭多的佛羅里達醫院，該醫院在奧蘭多近郊的凱西亞有一塊兩百三十畝大的林地，兩片湖泊坐落在未開發的原始森林中。帕莫一行人說服醫院當局將土地贈與沼溪幫。帕莫召集了一群權勢熏天的董事會成員，陣中大將包括公共超市（Publix Super

Market）董事長馬克．霍立斯、奧蘭多飯店業大亨哈里斯．羅森、奧蘭多魔術隊的總經理派特．威廉斯，以及紐約洋基隊的大老闆喬治．史坦布蘭諾。

到了一九九五年一月，募來的資金已突破一千三百萬美元，遠超過興建營地及開辦活動所需的資本。一九九六年夏季季末，紐曼在揭幕典禮上讚美帕莫，「他犧牲了龐大的個人利益，拾起這個病厭厭的小傢伙，給它穿上時髦的短褲和鞋子、指點它正確的方向，簡而言之，把它帶上軌道，我們才得以給予掌聲、出錢出力，讓它繼續翱翔。」

遵循牆上窟窿幫樹立的典範，部分營造成本乃由慷慨的捐款所支付。法瑪西亞普強（Pharmacia and Upjohn）藥廠捐贈園林造景經費，負責植樹並提供醫療設施；達登餐飲集團（紅龍蝦及橄欖園等連鎖餐廳的母公司）負責設計廚房，支付廚房的興建成本；奧蘭多魔術隊青年基金會捐出所費不貲的遊樂設備；環球影城則出資建造一座戲院。其他大手筆的款項分別來自澳坊牛排館、海洋世界以及通用磨坊餐廳。

ＰＬ聯絡曾對牆上窟窿營地慷慨解囊的安豪塞．布許，而他再度不負眾望。安豪塞和保羅在機場大廳碰面，手上拿著支票簿出現，準備好簽一張足以支付餐廳興建成本的大額支票。

沼溪幫營地的規模遠勝過牆上窟窿營地，溫和的氣候使它得以終年開放，爲罹患血友病、鐮狀性貧血症、癲癇症、囊胞性纖維症、糖尿病、氣喘、肺病、關節炎、愛滋病、癌症、心臟及腎臟疾病，以及仰賴人工呼氣器維生的孩子舉辦活動。從一九九六年開幕到二〇〇二年之間，此營地已服務了一萬八千七百八十二名兒童。

一九九二年，保羅前往南愛爾蘭的基爾代爾郡，參觀距離都柏林二十五英里遠的一塊地。這片廣達五百英畝的產業原屬於伊莉莎白・雅頓（Elizabeth Arden）所有，不過雅頓公司此時已將所有權讓渡給愛爾蘭政府。這片土地的中心點，是一幢美麗的十二世紀莊園宅邸，此外，還有兩間哥德式四合院，內有十來座馬廄。保羅愛上這塊地方，認爲它有潛力成爲另一個牆上窟窿幫營地；這個充滿魅力的地點，瀰漫著一股中世紀的味道，騎士、五朔節花柱、長槍

Barretstown Gang

Helping seriously ill children rediscover childhood

比武，凡此種種仍在此地縈繞不去。

ＰＬ照例興沖沖地一頭栽了進去，牆上窟窿營區董事會二話不說，舉雙手贊成。他晉見愛爾蘭首相保羅・雷諾茲，後者賦予這個尚在萌芽階段的營區一份長達九十九年的租約，租金為每年一塊錢愛爾蘭鎊。ＰＬ接著謀求ＨＪ亨氏企業董事長安東尼・歐萊利的協助，兩人聯手募得近三百萬元資金，作為專案起步的動力。董事會籌組完成，建築物改建計劃也完成擬定，搞得沸沸揚揚。可是除了一開始敲鑼打鼓之外，大西洋彼岸的愛爾蘭顯然啥事也沒辦成。我們對新營地的激情開始趨於平靜，就在此時，保羅和鮑伯・佛瑞斯特接上了線；佛瑞斯特是一家專門與非營利機構合作的公司之合夥人。

「保羅請我前往貝瑞茲鎮評估狀況，」佛瑞斯特說，「我不到一會兒功夫就能回覆他。當時是一九九四年，小木屋才蓋到一半，病童再過八週左右就會陸續抵達，而他們湊來的錢大約是三百五十萬元，而不是所需的兩千萬元。此外，那兒見不到員工的蹤影，一個幫手也沒有，董事會是典型的愛爾蘭風格，他們往往圍坐在桌子旁，寧可告訴你事情行不通的緣故，也不願意放手試試看——跟美國人的做法恰恰相反。

「所以我告訴保羅，你要嘛進入緊急作戰狀態，要嘛乾脆作罷，事先知道保羅之爲保羅，他肯定會催動引擎馬力。最重要的是增補營區人手，牆上窟窿派遣一隊經驗豐富的人馬前來，這就解決了問題。幹練的活動總監貝佛莉・摩爾升任營區總監，原先主掌牆上窟窿廚房的夏綠蒂・溫納，如今預備替貝瑞茲鎮幫提供同樣服務。不過，營區開辦後的第一年夏天還沒有餐廳，於是就在廚房窗外搭張帳棚分發餐點。東尼・歐萊利的夫人克麗絲擔任董事會臨時主席，歐萊利的雙胞胎兒子之一——蓋文，和一名友人聯手監督建築物的興建工程。愛咪・海恩斯是我們辦公室的一位年輕副手，曾在城堡裡住了一年；我們派她協助籌畫專案、勸募迫切需要的捐款。一大筆款項來自安豪塞・布許；參議員克里斯・塔德募集一大批藥物；健力士黑啤酒公司；麥可・史墨菲（譯註：Michael Smurfit，美國紙業大亨）捐出高額款項；福特汽車公司——事實上，當發現亨利・福特出生於愛爾蘭時，我們就把餐廳命名爲亨利廳。」

然而，和上述種種同等重要的，是一群如同緊急救難部隊一般，在第一梯次營區隊開辦前一週抵達的牆上窟窿幫輔導員。歷經牆上窟窿營地三年寒暑的老手布萊克・馬赫，是該派遣團中的一員：

「我跟牆上窟窿幫營地另外五位資深輔導員（在愛爾蘭，輔導員叫做『cara』，這是蓋爾語『朋友』的意思），被派到愛爾蘭協助籌畫夏令營活動內容、設計新生輔導、訓練人員，而最重要的，是跟學員們一起在小木屋生活。

「有一些每日例行活動：晨間足球（自由參加）、美勞、工藝、戲劇、運動、遊戲、釣魚、踏青和木工。也有一些不怎麼尋常的活動：例如一場中世紀探險，其中，木頭刻成的愛爾蘭神話人物，會帶領學員尋找普卡（譯註：Pooka，愛爾蘭民間傳說中的一種精靈，常幻化成各種動物跑到人間作怪）；這個調皮搗蛋的精靈，偷走了貝瑞茲鎮的音樂。還有尋寶、嘉年華會、野營以及在劇場舉行的歌舞會，讓學員賣弄他們洋溢的才華；甚至有一天午後，梅爾．吉普遜和一班披著戰士戲袍的劇組人馬出奇不意地來訪，他們當時正在鄰近的城鎮拍戲。

「但是最棒的還是不經斧鑿的時刻：那一晚，我們同房的決定拍一齣電影，利用接下來的三小時寫劇本、偷戲服，直拍到深夜。或者另一個晚上，我們決定開個以愛爾蘭群舞著稱的傳統盛會，愛爾蘭籍的學員及cara，領著我們其他跟蹌著腳步的人一齊同樂。

「整個夏天下來，我們美國人不斷聽到一些恐怖故事，要我們爲活動尾聲時可能發生的狀況做好心理準備。我們聽說，來自都柏林的青少年決不會開口唱營歌，若要他們穿上戲服、戴上可笑的帽子，他們會毫不猶豫地讓你碰一鼻子的灰。我很納悶，這些孩子跟牆上窟窿幫那些貧民區的青少年會有多大不同。

「一開始，情況似乎不出所料。一整間的女孩子頭兩天都不肯開口說話。他們不肯露出笑臉、不肯放聲大笑，還在我們唱歌的時候對我們翻白眼，隨時保持疏離和警戒。我們木屋裡的一個男孩，開門見山地告訴我可以上哪兒去死，或者對營地幹些什麼事。我希望這不是未來幾週的預告。不過大部分時間，男孩子們都顯得躍躍欲試，眼巴巴地等著投入艾瑞克設計的三十呎爬樹路線，或參加從山崗上順流而下的獨木舟一日遊；愛爾蘭獨木舟奧運代表隊陣中的布藍登・歐康納爾，將在該週稍後帶領我們穿越重重湖泊及小瀑布構成的泛舟路線。然而，女娃兒們仍保持沉默，整個態勢愈來愈緊繃。

「然後有一天，沉默了那麼多天的女孩子們突然間鬆了綁，就像水壩後頭蓄積了太多水量。或許是那天早晨在劇場上鬧哄哄嬉笑造成的效果吧。不論原因何在，反正她們就像脫了韁的野馬，唱歌，跳舞，佔領了餐廳大堂，在每頓餐後帶領大家唱歌、宣佈後續活動。她們穿上戲服，梳上叫人咋舌的髮型，短短幾天以前，她們決不肯就範。然後就像標準的青少年習尙，男孩子們跟著有樣學樣。他們一天比一天更活潑，更無法無天，臉上恐懼的表情蕩然無存。如同牆上窟窿幫營地的學童，這些飽嚐疾病禁錮的孩子——其中多半歷經化療、放射治療或骨髓移植——對營隊生活敞開心房。他們開始明白，營隊日子要如何度過，完全由他們掌控；願意的話，它可以充滿魔法。而最妙的是，那是屬於他們的日子，是旁人無法剝奪的一段時光、一塊地方。

「最後一場盛宴中，學員和cara穿上中世紀服裝——長袍、斗篷和罩袍，桌上則擺了高腳杯和木盤。放眼望去，我們彷彿置身於宮廷裡，抵達停駐在時光中的另一個太平盛世。那最後一夜，在頒獎典禮結束，大夥兒各自回到木屋之後，空氣中隱約有一股還沒散場的感覺。燈光忽明忽滅，音樂聲驟然響起，學員開始從各幢木屋中湧出。接下來一小時裡，我們在紀念簿上簽名、唱歌、跳舞，不爲即將結束的一切感到悲哀，而是慶祝擁有此時此刻；一場道地的愛爾蘭式慶祝。

「但是隔天早晨，他們預備啓程回家的事實已成定局，否認也沒有用。大夥兒灑淚而別，泉湧的淚水是我在牆上窟窿營地不曾見過的；人們發誓友誼長存、魚雁不絕，每個人相互擁抱。沒有人——包括cara在內——希望活動告終。

「我覺得，」布萊克說，「如今在心靈深處，我有了第二個家，儘管此去不再復返。重要的是，將會有好幾百個愛爾蘭孩子回到這塊地方。」

「今天，」佛瑞斯特說，「貝瑞茲鎮的狀況相當良好。他們正建立一個堅強的董事會，國際間的捐助團體——例如AIG、葛蘭素史克、英特爾、楊森大藥廠、嬌生和全錄——都幫忙在歐洲招兵買馬。今年暑假的工作人員，以及志願服務的翻譯、伴護和輔導員來自二十七個國家。營區在一九九四年開幕時，服務了一百二十四名兒童，去年夏天，學員人數已超過一千五百人。」

遠從美國前來擔任志工的神經腫瘤科醫生保羅·柴澤爾說，「我一而再、再而三地親眼目睹，在貝瑞茲鎮度過十天，撿回一條又一條原本已瀕臨崩潰的小生命。離營之前，我看見他們眼睛裡閃著光輝、聲音裡散發著熱力，那是頭一天完全見不到的。他們之所以辦到了，得歸功於這個叫做貝瑞茲鎮的地方。」

ＰＬ和哈奇接受一群打算在法國創辦類似牆上窟窿幫營地的巴黎人士邀約，正在巴黎享用一頓伊比鳩魯式的豐富午宴。這是過去兩年來，我們第二次和這批人共進午餐。他們已經辦過許多次盛宴，恣意討論他們對一塊從政府手中取得的地，有些怎樣的改造計劃。這塊叫做「L'Envol」（法文「起飛」之意）的地產，緊鄰楓丹白露，就在巴黎往南一點的地方，擁有湖泊、一座十九世紀城堡，以及許許多多迎合生活及學習所需的營房。它建於一八六七年，原本是一家石油公司（即殼牌石油前身）的總裁私人宅邸，後來一度充作教育「年輕英國紳士」的學院，一九四二年之後轉爲收容二次世界大戰空軍遺孤的孤兒院。

然而，孤兒院的需求早已不復存在，政府於是同意跟我們的午餐會同仁簽署一份長期租約，旨在籌建營地，爲患有致命疾病的兒童提供服務。午餐會眾的成員，都是些好得沒話說的人，不過對於該做的事，他們心裡全沒個譜，就算搞清楚狀況，恐怕也沒能力執行。他們認爲自己的參與是名譽性質的，政府會大力投入其中運作，剩下的必要工作，就由保羅·紐曼及其同僚來扛。

事實上，PL及哈奇的確參加了一場在麗池酒店舉辦的盛裝晚會，爲營地籌措經費，不過追根究底，例行性經費的唯一來源還是出自政府補助，但補助費只夠應付病童營區生活費用的三分之二。

L'Envol終於開始付諸行動時，午餐會眾的董事會選出一位退役將軍擔任主席，選出一位海軍上將擔任營區總監。可惜，他們兩位無法克服法國欠缺營地傳統和慈善事業傳統的事實。既然政府要提供經費——我們何必自己掏腰包？

最後，兩位軍事將領的統帥權遭到解除，營區行政主管的職責，改由長年主掌巴黎美國醫院的帕特里斯·特拉胡埃接任，堪稱適才適所。牆上窟窿營地派遣部分重要幹部——甚至包括我們的駐任小丑金姆和泰瑞莎·溫斯洛——幫忙安排L'Envol的人員配置，並提供創始基金，供他們改建大樓及操場以迎合病童的需要。爲了讓此營區名實相符，十天營隊生活的高潮將是一次導覽的飛機或熱汽球飛行。

但是，正當營區似乎逐漸摸清方向之際，董事會革了帕特里斯的職，另一波渾沌不明的時期緊接而來，而營運資金的短絀更使情勢加速惡化。幸好，發生在二〇〇一年九月十七日的一樁事件，或許能扭轉乾坤化險爲夷。那個星期一，營區的醫療中心落成，PL及法國總統席哈克雙雙出席揭幕典禮。事先不明營區究裡的席哈克，因爲這些孩子以及營區能爲他們做的事而大受感動，他花了三小時時間與病童爲伍，親身參與他們的部分活動。

他在當天下午的揭幕典禮中說道，「我衷心祝福這些孩子，願他們一生事事順遂，擁有此中心能協助他們尋覓到的、最美好的一切。當我們身體違和，當我們得面對危難，擁有技術、科學和醫藥當然是一件好事。我們需要能幹的人才，但也有其他方面的需要。孩子們殊無例外。我們需要愛；我們需要希望。此中心最大的優點，就是能帶來這份愛，帶來對兒童士氣至關緊要的這份希望。在法國，我們需要更多此類的營地。」

拜席拉克來訪之賜，如今各地掀起了對L'Envol及其他類似營地的廣泛關切。司法部長參觀了L'Envol，開始公開討論擬定法律，開放美式慈善事業的可能性。總理夫人著手聲援這項改革，衛生部長也讚揚營地的功效，認爲它比關在病床上更具醫療效果。他目前正在研擬興建姊妹營區的計劃，很可能會蓋在馬賽一帶。

就連最死板、守舊的醫學界也開始鬆口，表示「營地生活是不可等閒視之的良藥，它不同於我們慣用的醫療方法——剖開孩子，把他們關在醫院裡——這種緩和醫學(palliative medecine)的概念、這整套安寧療法，確實提供了莫大助益。」

L'Envol如今聘請一位新的總監，董事會也經過改組，對營地目前及未來的需求有了全新領悟。有一件事是確之不疑的——秉持高盧傳統，L'Envol的美食佳餚，將持續是我們各個營地之冠。

此刻，許多新的牆上窟窿營地正處於各種不同的開發階段。坐落在加州棕櫚谷附近的彩繪烏龜營區已接近完工，將在二〇〇四年接待第一批兒童。彩繪烏龜的成立，得歸功於佩姬．阿德勒的奉獻。佩姬曾在康乃迪克州的牆上窟窿營地擔任兩年義工。

「我爲病童服務的熱忱，」佩姬說，「可以追溯到我還住在紐約，就讀於紐約大學的時候。在校期間，我就在史隆凱特林兒童腫瘤病房擔任義工，主要替那些接受骨髓移植的孩子服務。我聽說保羅和哈奇打算在康乃迪克州開設營區，接納那些罹患癌症的兒童。我和哈奇相識多年——他跟我的繼父傑瑞．魏斯克勒交情匪淺，事實上，他還說服傑瑞捐助營區網球場的興建費用——我請哈奇安排，讓我進這個新的營區服務。在兩年義工經驗中，我和當時就讀史丹佛大學醫學院的團服隊長溫蒂．庫克奠定了長遠的友誼。即便在我開創演藝生涯之際——我演過幾齣肥皂劇，後來還成了電視劇《名揚四海》（*Fame*）的固定班底——我仍持續在醫院病房替受到病痛折磨的孩子服務。

「我搬到洛杉磯，結了婚，有了孩子，當時，我剛產完二子，正從醫院返家途中，我記得自己實在很想回醫院替病童們出一份力量，腦中突然閃過這個念頭：假如能在西岸蓋一座類似牆上窟窿幫的營地，爲病童服務，將是多麼令人興奮的一件事。當天晚上，我就打電話給剛完成醫院實習工作的溫蒂。她剛拿到一筆非常優渥的獎學金，而且有機會加入一間利潤豐厚的私人診所，但是她推掉這兩項大好機會，義無反顧地投入我的夢想。

「開場第一件事，我開始傻不楞登地尋找營地地點。我在聖塔巴巴拉找到一塊擁有湖泊的大片土地，業主是珍．芳達，她打算以五百萬元將土地脫手。這兒曾是鐵路公司高階主管的訓練營，設備齊全。剛好，保羅正準備到好萊塢開拍一部新片，他在馬里布（Malibu）租了間房子，跟我比鄰而居。哈奇來這兒小住幾天，他們倆陪著我參觀芳達的土地。我們試著跟珍討價還價，可是我們的理想無法喚起她心中的感動，五百萬元的要價一毛錢也不肯少。保羅甚至跟她的先生泰德．透納提議，勸說他們倆各捐出一百萬，但被透納打了回票。到了這個地步，哈奇認爲專業協助或許能對我產生一些好處，於是引薦鮑伯．佛瑞斯特給我。」

「我前往西岸會見佩姬，」佛瑞斯特說，「她正考慮貸款買下芳達的土地。我說，聽我的勸：就此打住。湊到足以付清費用的資本之前，不要購買土地或搞任何動作，否則你就成了整件事的肉票。假使那塊地注定是你的，它就會在那兒等你。你得要做的，是確保自己累積實力，以便在時機成熟時掌握機會；這正是其他營區的歷程。關於孩子方面，她們做得好極了，但是她們在財務上受挫。假如這是該做的事，就一定會完成。你有紐曼和哈奇納做你的後盾，你有自己的親身經歷，一步一步來，事情終究會水到渠成。」

「那是很受用的勸告，」佩姬說，「溫蒂前來和我並肩作戰——她一直在牆上窟窿擔任義工，提供醫療服務。我們開始籌備董事會、徵求捐款，但那眞是費勁的工作。」

佛瑞斯特說，「我叫佩姬忘了那些光出借他們的名號，卻從不參加董事會會議或幫忙募款的好萊塢大人物。我讓她找那些願意親身參與，以及那些有道德良心、願意出錢出力贊助這項偉大志業的人。」

佩姬遵照他的建議而行，逐漸累積了龐大的捐款，同時號召一群有志服務的非名人組成董事會。此時，她的丈夫路，聽說一塊用來停靠流動房屋的林地正被迫進行拍賣。這片佔地一百七十三英畝的土地，有一面二十三英畝大、鱸魚成群的湖泊，位於洛杉磯北邊六十英里處。如今，佩姬與溫蒂的資金已足夠買下這塊地，並興建頂級的營地。以有機園藝爲主題的彩繪烏龜營地，將於二〇〇四年春天展開雙臂迎接第一批兒童。加州兒童醫院協會，已找出該州一萬七千五百名患有中度到重度疾病，因而無法參加一般營隊的病童。這群孩子正是彩繪烏龜日後服務的對象。

「身爲牆上窟窿幫營地的志工，」佩姬說，「一開始，改造孩子們的那股魔法讓我動容不已。稍後我才明白，讓我滿載而歸的收穫，才是其中眞正的魔法。多麼美好的禮物。現在，我希望這個營區對病童而言，也會是一個意義重大的禮物。」

勝利交叉點營地同樣接近竣工，並且預定在二〇〇四年六月開幕。這是賽車手凱爾．沛迪及其夫人派蒂，爲了紀念在賽車場上意外身亡的兒子亞當而創立的。勝利交叉點位於北卡羅來納州彼得蒙三角地的蘭德曼鎮，面積七十五英畝，環抱在闊葉林之中。目前已有三十六棟建築竣工，整體氛圍以賽車爲主題，呈現出賽車場的景色、音效和感官效果。學員若要進入營區，必先通過一條隧道，帶領他們踏上起跑線，邁向象徵賽車世界的賽車場形狀核心營區。未來的學員主要來自維吉尼亞、北卡羅來納以及南卡羅來納州。

美國運動賽車協會（NASCAR）選定此營地爲它固定贊助的慈善機構之一，此舉對營區的募款工作有推波助瀾之效，營區的宗旨也能在NASCAR授權的媒體上全面播放，提昇大眾對它的認識。

沛迪夫婦最初動了在北卡羅來納州創辦營地的念頭，是在派蒂參觀了佛羅里達的沼溪幫營地之後。他們找保羅商量共同出資，這是因爲，凱爾說，「我們不想重頭開始摸索。我們和他營區的工作人員相處三年，從他們的錯誤中記取教訓，並找出可以青出於藍的地方。我們將營地命名爲勝利交叉點，靈感來自於賽車場的勝利繞場（winning circle），而這就是營地大體上的主題。亞當非常熱中於這項專案，他在過世之前一週，完成了這塊營區的土地購買事宜。

「亞當死後，我們因痛失愛子而哀痛逾恆，於是取消了他申請的土地貸款。但是在試圖將這樁悲劇合理化的過程中，我們決定把悲傷化爲行動，實現他創立卓越營地的夢想。我們需要一些什麼幫助我們療傷止痛，而這營地雖是件苦差事，派蒂和我卻歡喜做、甘願受。我們認爲，這營地或許可以成爲亞當實踐生命的一大明證。受他所影響的人數，遠超過我們所能想像。亞當以他的生命實踐聖經的教誨——坐而言不如起而行，他做到了知行合一。

「遺憾的是，我們決定著手興建勝利交叉點時，發現亞當選定的土地已經被別人買走了。於是，亞當的祖父母李察和琳達，捐出一塊七十五英畝大的家產，以紀念孫子。整理營地加上興建三十六棟建築的成本，估計高達兩千四百萬，但我始終堅信——我並沒有傲慢或自負的意思——假使我說事情會成功，它就一定會成功。或許，這就是我們個性頑固兼之熱愛賽車的緣故吧。不論做什麼事，我們都沒有失敗的餘地；尤其是這塊營地。

「當我和如今投入勝利交叉點的某些人相處時，感覺就像亞當也在這裡。我之所以覺得他就在身旁，是因爲他和這些人建立的關係，以及我們共同建立的關係。當我踏上這塊隨著建築物完工而一點一滴完成的營地時，感覺上就是如此。我希望這份感覺永遠長存。漫步在這片土地上，我覺得亞當與我們同在。」

כפר נהר הירדן
Jordan River Village
قرية نهر الأردن

儘管約旦河村落營區，不論建築物或設施都還沒個影子，但它仍榮獲牆上窟窿幫協會的接納，有幸成爲其中一員。這塊坐落在約旦河畔的六十一英畝地，地屬隱密、安全的下加利利地區，俯瞰著加利利海。營地位於以色列境內，與約旦隔著河水相對。瑪莉蓮和莫瑞．葛蘭特夫婦是引領這塊營地的明燈，他們雖然是坦帕市的居民，但長年以來屢次造訪以色列。一九九九年，瑪莉蓮讀到一本關於牆上窟窿營地的小冊子，登時想到若能以這種營地服務以色列、約旦、黎巴嫩和巴勒斯坦的重病兒童，對住在這個動亂頻仍之地的病童而言，將是一大福音。

葛蘭特夫婦帶著一份憧憬，以及一股不容抹滅的熱忱登門拜訪。儘管他們仍有待籌措數百萬元資金、取得醫療協助及各族裔的合作，我們仍將其入會請求遞交董事會審核。董事會深受此計畫的志向所感動，因而在計劃落實之前，便基於希望與夢想而賦予他們會員資格。

「西蒙・裴瑞茲（譯註：Simon Peres，以色列前總理）是我們的堅強盟友，」莫瑞・葛蘭特說，「而且，我們前往約旦皇宮拜會阿爾胡笙親王（Prince Mired Raad Zeid Al-Hussein）時，也得到他爽快的支持。『我相信這個營區，』親王說了，『不僅能爲飽受折磨的兒童帶來無限幸福與歡樂，也能鞏固約旦河兩岸人民之間的友誼與互信。』」

保羅在二〇〇〇年五月致函葛蘭特夫婦時，也在信中表達類似的期望。「我和你們有志一同，盼望將來，此營地的觸角能遍及東地中海地區所有孩子，並協助強化貴區域的和平努力。」

葛蘭特夫婦籌組了一個陣容堅強的跨國董事會，以備受讚譽的演員哈依穆・托普爾（Chaim Topol）爲首。十五家頂尖醫院——包括施耐德兒童醫療中心、示巴醫學中心、戴納依齊洛夫兒童醫院、索洛卡大學醫學中心，以及哈德薩醫院——連同其他醫療及專業組織，以及以色列衛生部長同聲宣誓支持。四十三位聲譽卓著的以色列籍與阿拉伯裔醫生，聯合組成了醫學委員會。

爲取得一切必要的營運許可證，並徵求宗教、環保、建築與公務團體的認可，葛蘭特夫婦一共花了兩年的功夫。但他們表示，現在時機成熟了，該破土動工，在約旦河畔建立一處讓受苦受難的孩子們暫時喘口氣的避風港。

英國的翻牆幫營地已申請加入牆上窟窿幫協會，隨時整裝待發。和其他營區不

同，它沒有專屬的營地，而是趁學校暑假期間，向私立學校租用他們的設施。創立自一九九九年八月的翻牆幫營地，造福了來自英格蘭、蘇格蘭及威爾斯的癌症兒與其他重症兒童。允許入會的前提條件是，他們必須同意與貝瑞茲鎮合作招募人馬及進行募捐。

這段期間內，翻牆幫營地日益茁壯，登記入營的學童人數年年大幅攀升。它有能力首屈一指的執行長——珍．尼可拉斯，以及多元化且幹勁十足的董事會。營區和學員及家長之間，也建立了牢不可破的密切關係。

一位來自倫敦的學員家長來函致意：「一天夜裡，柔伊和同寢室的其他女孩兒無法入眠，她們決定在地上圍成圈圈坐著，互相傾吐自己的問題。柔伊告訴她們，她得了脊柱分裂症，體內也有什麼東西出了毛病。另一個小女孩患有糖尿病，柔伊的另外三位朋友則有腦瘤。她們討論著彼此至今動過多少次手術，然後開始談論自己心中的秘密。柔伊沒再多說些什麼，我也沒追問那些秘密的內容。想到這群九歲大的小女孩談論著這樣的話題，心裡就覺得十分難過，但在此同時，這段時光對他們而言，一定非常特別。感謝你邀請柔伊參加營隊，她從中受益許多。」

在我們的營地事業中，企圖心最大的一項計劃，就是在非洲推動的新專案。只要是跟保羅脫不了干係的計劃，想當然耳是無心插柳造成的結果。保羅跟雷．拉蒙塔尼以及雙方家人一同前往非洲旅遊，回程必須在約翰尼斯堡滯留八小時，因此事先約好拜會曼德拉。但是曼德正在接受癌症治療，病得太沉，沒辦法接見他們。爲了打發時間，導遊建議保羅和雷，轉往會見野生狩獵園的老闆兼總裁柯林．貝爾。

那次非正式的會面，激盪出趁著十二月及一月的狩獵旅遊淡季，運用貝爾的旅遊設施舉辦兒童營隊。那時正值溽暑，孩子們不用上學。況且，就算這段期間生意清淡，柯林．貝爾還是得養著一群員工，因此只要兒童人數不太多，他們的設施應該還足以應付。

不過，仍然必須建立遴選兒童、接運兒童，並訓練員工及醫生照顧兒童的制度。牆上窟窿營地的第一批非洲分會，於去年在波札納與納米比亞開始營運；根據聯合國兒童基金會估計，這兩個國家共有逾十萬名

For children with serious illnesses
Association of Hole in the Wall Camps
laughter is the best medicine.

的孤兒（孩子們的雙親多半死於愛滋病）。令人頭疼的一大問題是，活動內容至少必須兼顧三種語言——色瓦納語、英語以及各種班圖方言的混和。另一件麻煩事，是大多數孩子都沒有病歷資料。再者，到許多地方——例如奧卡萬戈三角洲——接送孩子，只能仰賴空中交通。而輔導員必須融合多種社會及文化上的手法，才能引起年輕學員對營隊活動的興趣。

姆溫亞．卡布韋是土生土長的尚比亞人，她是牆上窟窿營地的活動部副總監，也是非洲計劃的開朝元老。以下是她寄給董事會的一份報告：

籌畫非洲南部的營隊活動時，得面對一個較不尋常的障礙。在這兒，把孩子送去蠻荒之地和一群陌生人共處，實在是有違文化常理的瘋狂念頭。更別提每天都得扛著鏟子上足球場，清除場上的野牛屎之後才能踢球這一回事了。換個角度想，在世界上最叫人不由得屏氣凝神的絕美地帶，從事著最啓迪人心的工作，未嘗不是耐性及創造力的最大考驗。

孩子就是孩子，到哪兒都不例外。他們會對食物過敏、愛玩水、喜歡看大人要寶、能看穿唬弄他們的大人，而且討厭準時上床。一個較不尋常的例子，是一位十八歲的學員，帶著十歲大的外甥、八歲大的外甥女，和她十個月大的寶寶抵達樊布拉營地。這個美得驚人的布西曼族家庭，將衣服掛在背上，不諳我們使用的任何一種語言（英語或色瓦納語），就這樣直楞楞地闖了來。我們找到一位和他們持類似方言的當地導遊，說服這位母親讓寶寶洗個澡。我們發現在他們的村莊裡，水是非常珍貴的商品，幸運的話，每隔兩週會有人拿大桶子運水到村落的中心點。出入樊布拉營地都得靠飛機載送，成本不貲。我們趕忙安排當晚即將抵達的下一班飛機，送來珠子、乾糧、水果、尿布及嬰兒服。全體工作人員趁著遊戲、足球、燒飯、才藝表演、野生動物影片觀賞和積木疊疊樂競賽等活動之間的空檔，輪番照顧小嬰兒。

摩卡洛地最後一個梯次的最後一天，我們花了一早的時間和最後一批孩子揮淚道別。我們打包了剩餘的補給品，正在回想這一梯次中，兩個最討人喜歡的孩子——布萊德利與庫摩；他們是整個夏天以來，行為最接近偏差邊緣的兩個孩子。這兩個十歲大的孩子時常露宿街頭，因為家裡人丁興旺，房子被親戚擠得水洩不通。他們參加最後一梯的活動，整星期考驗著每一位工作人員的耐性。為了慶祝計劃圓滿結束，慰勞自己不負艱難使命，我們在當天晚上起篝火烤肉犒賞自己一番。大約七點左右，教育部總監的行動電話鈴響，摩卡洛地的前門守衛打電話過來，通知我們門口有個孩子想要進來。我們三人驅車往前門一探究竟，竟看到庫摩站在那兒，打著赤腳，身穿T恤，頭上綁著黃色印染手巾，一如他在活動期間穿戴的模樣。他的說法是，交通車當天早上拋下他，逕自開走了。他說，他在車子發動前下車上洗手間，回來時所有人都走了，於是他一整天在自然保護區裡遊蕩，試著尋找他認識的人。不用說，這個故事讓我們嚇出一身冷汗，我們竟然「丟了」一個孩子，甚至不知道他一個人在廣達一萬畝的非洲野生動物棲息地境內閒逛。兩名輔導員端給庫摩一大盤食物，我趕忙打電話給當初帶庫摩入營的組織負責人。結果，庫摩其實在當天早上十點半，就在離摩卡洛地兩小時車程的家門口下了車。實際情況是，他換了件T恤，不知為何脫下了鞋子，一路走回摩卡洛地，回到了營區。

儘管困難重重，二〇〇二年十二月，我們在非洲的第一年，還是有六百名兒童參加了波札那和納米比亞的牆上窟窿營隊。學員人數將在來年成長一倍，新的營區也將陸續在盧安達、獅子山和肯亞開幕啓用。「較之十萬多名的孤兒與流浪兒，營隊接待的兒童人數似乎微不足道，但它確實往前踏出了一步，」牆上窟窿營區的新營隊活動發展總監史提夫·耐格勒說道，「我很喜歡說我在書上讀到的一篇故事，羅倫·艾斯利（Loren Eisley）寫的《擲星人》（*The Star Thrower*）。大意是說一個男人在海灘上，看到另一人把被海水沖上岸、奄奄一息的海星丟回海裡。這名旁觀者說道：『海灘上有數以百萬計的海星被沖上岸，你根本起不了太大作用。』拋擲海星的人彎下腰，把另一枚海星丟回海裡，說，『對那一枚海星來說，作用可大著了。』

「舉個例子：波札那的蒙恩鎮，是通往奧卡萬戈三角洲的最後一個停靠站，乾燥的風沙漫天飛舞。在那兒，十個年輕小夥子來到我們第一次爲流浪兒舉辦的營隊活動。他們原本通通不上學。營隊結束之後，十個之中有八個回到學校當全職學生。這個情況，也發生在另一營隊十五個孩子中的十二個。最叫人高興的是，非洲孩子的反應，和康乃迪克的孩子沒什麼不同。他們一開始安靜、害羞，甚至有所猜忌。但到了活動尾聲，他們彷彿盛開綻放的花朵，就像你在單格攝影的自然影片可以看到的那樣。他們活潑、喧鬧、充滿生命，準備以重新補足的精神與希望，面對生活環境中的挑戰。」

擴展非洲觸角的營運計劃，正如火如荼地展開。透過野生狩獵園的合作，牆上窟窿幫正在東開普省的恩坎巴提，沿著印度洋野生海岸（Wild Coast）一塊廣達四萬五千畝的狩獵及自然保護區上設立營區，取代原本在此地點上的一座痲瘋病院。

CHAPTER 22

我們的營隊工作，也不是一直平平當當、無往不利的。經過一番千挑萬選，我們最後挑中的首任營區總監竟然出現嚴重缺點，暑假還沒過完，就不得不把他辭退（由皮爾森醫生暫代其職位）。我們以爲選才工作做得十分徹底，但其實顯然不如預期；那傢伙原來是個神經病。那段日子裡沒有人受傷或加重病情，不過是我們得天之幸的另一次證明，這恐怕是善有善報的結果。

位於伊利諾州皮若亞市的新營區——野牛草原幫，是我們的另一次挫敗。該營區問題重重，雖然才蓋到一半，還是得在落成之前停工作罷。

接下來，還有一九八九年的倫敦事件。哈奇曾接受英國國家電視台的專訪，在節目中暢談紐曼私傳（我們已搶攻英國店頭）和牆上窟窿幫營地。結果，哈奇收到一個叫做公爵信託基金機構的託管人來函；他代表曼徹斯特公爵來信，後者是此基金機構所屬的眾多公爵之一。託管人保羅・范恩專員在信中說明，公爵要求會面，商談代表基金會進行贊助，在英國開設類似營地的可能性。

范恩是這麼描述基金會所屬公爵的身分的：

諾福克公爵，受封嘉德勛爵士、巴思爵士、高級英帝國勛爵、軍功十字勳章。典禮官、世襲典禮官暨大英皇家司膳長；最高公爵與伯爵。

聖艾班斯公爵，世襲大英牧鷹長；世襲大法官法院登錄人。

阿蓋爾公爵，

坎貝爾家族族長；
世襲之蘇格蘭王室家長。
蘇格蘭西海岸暨西部群島海軍上將。
蘇格蘭國璽保管人。

曼徹斯特公爵，
曼德威爾子爵，
金伯頓夢塔谷男爵。

威靈頓公爵，受封皇家維多利亞勳章、英帝國勳章、軍功十字勳章。
滑鐵盧親王（荷蘭）。
托勒斯維德拉斯侯爵暨維多利亞公爵（葡萄牙）。
羅德里戈市公爵。

那年夏天，我們和公爵及公爵夫人在倫敦共進午餐，探討在倫敦外圍設立營區的可能性。公爵是個親切、衣冠楚楚且健談的紳士，他說此等營地是信託基金權限範圍之內的事，建議我們先匯給他二十萬美金，由他代表基金機構接受這筆錢，作爲推動營區建設的種子資金。有這麼多公爵做後盾，我們相信事情很可能功德圓滿。而且根據紐曼私傳的政策，我們在海外市場賺取的利潤，必須捐助該市場的慈善活動，因此，我們決定把在英國賺取的利潤交付給公爵信託基金。

我們一開始和公爵接洽的時候，腦子裡很可能閃過加官晉爵、擁有領地的美夢——紐曼私傳泰晤士河公國，或者至少受女王拍拍肩胛骨，冊封一兩個榮譽爵位。PL爵士，哈奇爵士——聽起來挺美的。打進公爵和伯爵的社交圈。女王之皇家橄欖油及紅酒醋承辦人。

我們簽署相關文件，特地前往倫敦會見曼徹斯特公爵，面呈他所提議的二十萬美元。但就在此時，我們的老搭檔幸運女神，又在我們屁股上踢了一計。當PL伸進口袋拿支票時，支票並不在那兒。老傢伙PL的粗心是出了名的，在他繁忙的生活中，他常常領先事情一步，或者事情領先他一步。

於是，哈奇計劃隔天和他的倫敦朋友吃過午餐之後，在下午親自將二十萬元支票送到公爵下榻的飯店。用餐之際，哈奇向他的朋友約翰提及，我們打算資助曼徹斯特公爵在英國設立營區。

「是啊。」

約翰臉上佈滿不敢置信的表情：「曼徹斯特……公爵！」

「二……十……萬……美元？」

「沒錯。」

一股笑聲從約翰的肚皮裡竄了出來，他止不住地縱聲大笑，一時笑岔了氣，滿臉脹得通紅，眼淚順著雙頰而下。「二十……萬……公爵……」他對著手帕咳出笑聲。

「不，你才沒呢，」他拭乾臉頰，擤了鼻涕，費了九牛二虎之力才說出話來。

「沒什麼?」

「從腰包掏出二十萬美元，給那曼徹斯特冒牌公爵。」

「你說『冒牌』?」

「我的好老弟啊，公爵這檔子事，可能讓你又敬又畏，但想想這個畫面吧：一個在老貝利街（譯註：指倫敦中央刑事法庭）登記有案的傢伙，被控和一干共犯企圖向斯特利漢——從這兒往南去——的英國西敏寺銀行詐取三萬八千英鎊，猜猜他們的抵押品是什麼？僞造的美國債券。這傢伙在刑事法庭受審之際，聽說他的兄長或叔伯或某個親戚翹了辮子，於是這遭起訴的罪犯、家族中的害群之馬，搖身成了當今的曼徹斯特公爵，整件事鬧了個滿城風雨。」

「這就是我的公爵？」

「正是你的公爵。他的辯護律師想辦法讓他脫了罪，但法官在審判終結時的評語，讓我不由得會心一笑：『從一到十的評分標準來看，公爵的分數是一分或以下——這甚至還太抬舉他了。』」

PL後來在刮鬍刀刀具組底下，找到了神秘失蹤的支票，但我們才不打算把二十萬元交給評分還不到一分的公爵呢。相反的，我們聘了一位私家偵探，就是那種在艦隊街（譯註：英國著名的出版街，是英國報業的大本營）上東聞聞西嗅嗅，淨挖些骯髒齷齪的新聞，餵給倫敦那些貪得無饜的小報的探子之一。我們的密探發現，公爵信託基金不過是個空殼子，公爵在金伯頓的祖傳席位也已經脫手求現，這表示曼徹斯特公爵沒有任何資產，事實上，他是唯一一位沒有領地的公爵。不用說，二十萬元匯款還留在我們荷包裡，儘管公爵一丁人等窮追不捨，展現出關懷病童的高度熱情，我們仍試著避免進一步接觸。

但是我們的探子不負其天職，仍持續捎來關於公爵的新聞。一九九六年，密探傳來訊息，公爵再度被傳喚出庭，這回是在佛羅里達，他和其他四名同夥被控詐騙坦帕灣閃電冰上曲棍球隊。公爵在一九九一年榮膺該隊名譽主席，前提是替他們爭取兩千五百萬美元的銀行貸款。依照計劃，這筆錢將取道一家都柏林公司——由公爵出任董事長的林克國際企業，而公爵和林克將獲得兩百五十萬元的佣金。但在坦帕灣閃電隊預付五萬元佣金之後，林克企業旋即宣告倒閉。審判當中，公爵的律師表示他的客戶「與其說是個公爵，倒不如說他是個傻子」，律師宣稱公爵是個十足的替死鬼，每當被捲入交易，就會有人遞給他一杯酒。「他受人利用，」律師辯護道，「因爲他好騙、他虛榮、他愚昧，但這些都不構成犯罪。」公爵並未上證人席接受質詢，四項詐欺罪名一律被判有罪。他在州立監獄服刑二十八個月，在獄中負責清洗衣物。公爵於二〇〇二年八月過世，死因不詳。以上新聞播報完畢，我們的密探熄燈退場。

感謝運氣和源源不絕的善心捐款，我們的高風險計劃成果豐碩，遠遠超過這幾樁倒楣事造成的損失。牆上窟窿幫營地啓用兩年後，蓋了座壯觀的劇院，我們突然靈機一動，可以在營區暫停營運的九月期間上演一齣戲碼，爲營區舉辦籌款活動。我們打算採用幾個孩子和好萊塢及百老匯明星，上演一齣針砭時事的諷刺劇。不過，有人指出，營區距離紐約三小時車程，而且劇院最多僅能容納兩百八十人，既無電視也無平面媒體報導，如何吸引表演者共襄盛舉？事實上，我們如何說服人們花一千塊錢買張票，大老遠開車到康乃迪克州最邊陲的鄉下地方？我們的方案是在大帳棚底下供應豐盛午餐，然後在哈奇編劇、製作的一小時節目之後，開辦一場義賣活動。

我們決定邀請十來位明星，期盼其中或許有一兩位會點頭答應。除了珍妮和保羅之外，名單上的明星還包括茱蒂・柯林斯、菲麗西亞・日莎德、凱西李・姬佛、詹姆斯・諾頓、芭芭拉・露許、布萊德・王、塞文・格洛佛、傑生・羅拔、塞・柯門、《貓》劇舞群，以及舉世無雙的紐約歌王巴比・蕭特。讓我們又驚又喜的是，他們全都欣然接受邀請。尤有甚者，所有座位一售而空。節目長達兩個多鐘頭，拍賣活動也盛況空前——凱西李・姬佛甚至捐出頸上戴著的項鍊進行義賣。

在連續十四年的九月慶典中，眾多明星帶來了令人難忘的演出：丹尼・艾盧（兩次）、芝麻街的大鳥、凱文・克萊（兩次）、金・謝利（三次）、喬治・雪林、亞歷・鮑德溫（四次）、蘿絲瑪麗・克隆尼、東尼・藍道（十一次）、艾咪・葛蘭特（三次）、金・貝辛格、邁可・波頓、安・潤卿（四次）、梅蘭妮・葛瑞菲斯（兩次）、瓊・瑞佛斯（兩次）、葛倫・克羅絲、瑪麗莎・托梅、比爾・艾文、琥碧・戈珀（兩次）、哈利・貝拉方提（兩次）、納森・連恩、茱莉亞・羅勃茲、卡洛・金（六次）、破銅爛鐵樂團（Stomp）、克里斯多佛・李維、奇塔・里薇拉、艾薩克・史坦、菲比・史諾（兩次）、傑克・克魯曼、黎李雅斯・懷特、威利・尼爾森、蘿西・歐唐納、羅賓・威廉斯、厄莎・凱特、傑瑞・塞恩菲爾德、約書亞・貝爾、塞・柯門（十一次）、克麗絲坦・奇諾維斯、米高・福克斯、葛雷戈利・漢斯、杰瑞・史提勒、班・維林、米哈伊・巴瑞辛尼可夫，再加上爵士樂團、舞蹈團體、福音歌手、雜技團（反引力）及魔術師——一群光彩耀眼的明星。

孩子們也在短劇和音樂劇中，和這些明星同台演出，那將是他們永遠珍惜的時光。有些表演者說了，這些孩子也賦予他們永難忘懷的一刻。

在這些慶典表演中，哈奇曾派保羅扮演一些荒唐的角色，多半是反串演出（他曾扮演彼得潘身旁的小仙子、善良的仙女，以及美國小姐選美參賽者），不過，這些令人發窘的表演，保羅其實樂在其中。總計而言，十四次慶典活動總共為營區籌措了一千一百一十八萬七千四百九十元，觀眾人數高達四千三百人。

我們於二〇〇一年十一月在林肯中心的艾佛利費雪廳，以及一年後在好萊塢柯達戲院，各辦了一場大型慈善晚會，上演一齣由哈奇改編自海明威的《尼克・亞當斯故事集》（*Nick Adams stories*），亞倫・柯普蘭原創編曲，紐約聖路加室內交響樂團，以及好萊塢的洛杉磯愛樂交響樂團協力演出的歌舞劇。同樣的，眾多了不起的演員不計酬勞地投入此慈善事業：在紐約，演員陣容包括丹尼・艾盧、亞歷・鮑德溫、麥特・戴蒙、布萊恩・丹尼希、摩根・費里曼、菲利浦・西摩・霍夫曼、凱文・克萊、詹姆斯・諾頓、保羅・紐曼、葛妮絲・派特洛、茱莉亞・羅勃茲、梅莉・史翠普和珍妮・華德；好萊塢那次表演中，保羅、珍妮、麥特・戴蒙、布萊恩・丹尼希、凱文・克萊和茱莉亞・羅勃茲重複扮演同樣的角色，此番加入的新血包括華倫・比提、安奈特・班寧、丹尼・狄維托、丹尼・葛洛佛、湯姆・漢克、歌蒂・韓、傑克・尼柯遜、克里斯．歐唐納、艾德華．詹姆斯．歐莫斯、蓋瑞．辛尼斯、曼娜．蘇薇莉以及布魯斯．威利。兩場演出都有營區學員的參與。活動結果共有六千四百名觀眾，為營區募集三千三百萬美元的經費。

舉辦如此大規模活動——塡滿艾佛利費雪廳兩千九百個座位、柯達戲院三千五百個座位、頭等座位票價高達每人兩千五百元的一場豪賭——不過是幸運女神如何照顧我們的另一次明證。

CHAPTER 23

二〇〇二年，我們的收入毛額是一億一千萬美元，稅後利潤爲一千兩百萬元，分別捐給兩百多家慈善機構。二〇〇三年，可供慈善用途的利潤預計將成長三十二%以上。紐曼私傳如今擁有七十七種不同商品，由十五家工廠製造，其中十三家位於美國本土，另外兩家位於澳洲及蘇格蘭。幾年以前，在代理商優勢食品公司仍幹得有聲有色的時候，我們就認爲這份事業的成長，已經讓我們的管理能力顯得捉襟見肘，到了我們再沒有足夠時間和能力妥善經營它的地步。我們於是把自己換掉，試著尋找一位擁有行銷專長、懂得經營事業、在食品零售業人脈極深，而且非常善於和別人相處的人；一個可以適應紐曼私傳多變風格的人。

我們著手面試形形色色從食品叢林湧入的難民——甜甜圈大王、無卡無脂無味奶品首腦、早餐穀片巨頭、行銷專家、罐頭大師；我們甚至聘用又立即開除一位後來發現他本身就需要企管顧問幫忙的企管顧問。

最後，透過毅力和塔羅牌的指引，我們終於在一九九七年十二月，任命一個好傢伙——湯姆·印鐸——擔任首席營運長，他原先是一家大型食品公司的業務及行銷主管。湯姆接著引薦麥克·哈佛擔任行銷副總、馬可·提利擔任特殊業務主任。紐曼私傳的營運日趨穩固，一切似乎步入正軌。透過我們的善心聯盟（Goodwill Alliance）專案，我們的捐款得以經由代理商及零售商網路，分散到許多地方性的慈善機構。我們還跟美國第二豐收（譯註：America's Second Harvest，美國著名賑災機構）及福特汽車公司結合，形成「飢餓救援夥伴」，提供食品以及用來運送食品的卡車給分散全國各地的十二間糧食庫。此外，我們也設立專案，與城市敬老送餐協會合作。

至於我們的產品，則不斷衍生、繁榮——事實上，冰淇淋是我們至今唯一的敗筆，諷刺的是，那也是我們有史以來最棒的商品。從紙盒上的彩色圖案，到爽利的品名和說明文字，它的前景一片大好，但我們鑄了個大錯，委託另一家公司——班傑利（Ben & Jerry's）——代爲製造、經銷（這是頭一次，也是唯一一次）。他們繼而又將經銷權轉交醉爾思（Dreyer's）；醉爾思經銷的商品包括自家出產的冰淇淋，再加上班傑利和星巴克的商品。我們早該料到，和這些有頭有臉的競爭品牌比起來，醉爾思當然比較有興趣促銷它們，才懶得替我們費心。等到我們發現這些冰淇淋根本沒上架，做什麼補救都爲時晚矣。儘管它現在處於空窗期，我們仍滿心期待重整它的生產與經銷模式，重振下流香草（Obscene Vanilla Bean）、佩槍胡桃（Pistol Packin' Praline）和催勁咖啡（Giddy-Up Coffee）等種種背負著以下傳奇的冰淇淋：

一七七七年，在一個叫做烏貝羅頓的阿爾卑斯村落，「巴茲」．紐曼牛男爵（最早的紐曼，後來的紐曼人都是由他繁衍出來的）正在牧牛。忽然間，一陣無情的冰風暴來得又凶又猛，瞬間把整群牛結成了凍，任憑牛隻又僵又硬地杵在田野小徑上。春天來了，牛群慢慢解凍，巴茲一如既往擠起了奶，拿來當冰淇淋賣。

自此之後，巴茲每到冬天就把牛群凍得硬梆梆的，以便滿足愈來愈大的冰淇淋需求。一直到一八八三年，巴茲的孫子、烏貝羅頓村的無賴漢、咕咕鐘的發明人——「巴伯」．紐曼，才提出以冰凍牛奶取代冰凍牛群的創新構想。他還拿接骨木莓、幼莓和貝瑞莓等阿爾卑斯特有水果拌入冰淇淋，發明出新口味。紐曼今人不僅驕傲地傳承家族傳統，還光榮地實現祖先的崇高誓言：「百分之百純乳牛！決不摻公牛！（譯註：100% COW! NO BULL!此為雙關語，NO BULL即不吹牛、童叟無欺之意）」。

CHAPTER 24

「我實在不能自以爲在我的骨子裡，有什麼了不起的人道精神，」PL說，「這不過是機緣湊巧造就的結果罷了。假使業務一直拓展不開，侷限在三家地方小店，就絕不會發展成慈善事業。我實在很厭惡透過一些伎倆、一些宣傳，然後把怎麼看都嫌多的現金放進我的口袋裡這一回事，不過就是如此而已。

「如今，我也算是兜售食品的老手了，開始瞭解這一行教人著迷的地方——成爲池中最大一條魚的誘惑，把競爭對手打得抬不起頭的那股勁兒。我希望看到公司突破兩億五千萬元營業額，有能力支援新的慈善計劃。我們在一九八二年，不過是個玩笑話兒，但這個玩笑迄今已捐出一億五千萬美元——可見我們是個非常實際的玩笑。最精采的是，我們向來認爲支票的另一頭是受惠人，但正如一切圖利行爲——這兒也存在著那種良性循環；可以說是一種雙邊貿易協定。

「有一件事著實困擾著我，就是我所謂的『唯恐天下不知的慈善行爲』。慈善工作應該是默默進行的，但爲求成功，你必須搞得人盡皆知。因爲當購物者走到貨架前說，『我應該買這罐還是那罐？』你得讓他們知道，這筆錢會有很好的用途。這麼一來，你想要隱姓埋名、你眞心愛惜的一切，什麼都泡湯了。公開宣傳你的慷慨，只爲了累積本錢，讓自己能更慷慨一些；這是最教我掙扎的地方。但克服了這一分爲二的對立邏輯，我們才有法子把數千位不幸的孩子送進牆上窟窿幫營隊。

「康乃迪克州的營區在一九八八年落成啓用，當時，只有三十%的營隊學員能存活下來；從那時至今，醫學上的進展突飛猛進，尤其在骨髓移植這個領域；結果，這個百分比整個反了過來——如今入營的病童當中，有七十%能夠存活下來；我們讓他們在治療和復原的關鍵期間喘一口氣，這是他們迫切需要的。

「此外，康乃迪克州的愛滋病童，人數上也出現驟降的現象。過去十年內，康乃迪克州只有兩個或三個一出生就帶有愛滋病毒的嬰兒。另一件令人振奮的消息是，上一批的暑期輔導員當中，有三十五人是原來的學員，他們戰勝癌症，如今有能力照顧受著和他們以前同樣折磨的孩子。上一期夏令營結束後，一個原本在大學主修媒體傳播的輔導員，受到營隊經驗的感召，決定改變研究方向，投入小兒腫瘤科的醫療事業。還有一個醫生，到營區當了兩星期義工，他說，『我再也沒辦法用老方法行醫了。我會把孩子看成孩子——再沒法子把他當成病人。』

「去年夏天，我曾和一個小夥子坐在一起吃午餐，他應該十四、十五歲吧。那是他第三年入營。他說，他一生來就有腦瘤，動過兩次或三次大手術，這讓他還能苟延殘喘至今。他有一連串突然發作的病史，經常痙攣和頭疼。他說，他的生命不過是一次接一次的頭疼——『直到來到這裡。來到這裡，我的頭疼就不翼而飛。』

「去年夏天的另一個經驗——一個了不起的非裔女孩對我說，『我活著，就是為了能來這裡；撐過那悲慘的十一個月又兩週，就是為了參加這兒的夏令營。』」

二十多年前，我們在保羅的舊穀倉裡胡搞出來的那瓶沙拉醬，走過了好長一段路。無知和頑固讓我們一往直前，堅持做出純天然、不摻防腐劑的商品，不知不覺中，在一些小地方，引發了整個產業的革命。我們全憑感覺做事，沒有任何計劃或編列任何預算，但這份事業如今已是全球市場上不容小覷的要角。我們在康乃迪克爲重症兒童興建營區，如今世界各地群起效尤，紛紛爲受苦的孩子籌建類似營地。一份理想獲得實現。如同牡蠣殼中的一粒沙，它自行成長茁壯；對我們而言，這些營地確實就像一顆顆珍珠。

不問情況，不問成果，不問究竟做或不做些什麼，我們只要抓住點苗頭，就緊咬著不放。這肯定讓你打心眼兒裡佩服得五體投地。

APPENDIX

附錄

紐曼私傳年表

- 一九八〇年聖誕：保羅・紐曼誘拐他的老夥伴Ａ・Ｅ・哈奇納，陪他在地下室裡對著無邊的空酒瓶充塡紐曼自製沙拉醬，作爲餽贈紐曼親友及鄰居的贈禮。
- 一九八一年春：紐曼想出絕佳的好點子，把他的沙拉醬裝瓶，拿到附近的美食店去賣。哈奇受命誘騙工廠生產紐曼的配方。
- 一九八二年九月：紐曼私傳沙拉醬在一群被俘就擒的媒體面前正式上市。
- 第一年即締造驚人的九十二萬元利潤。保羅當下宣佈：「讓我們全數捐給需要的人。」
- 一九八三年二月：紐曼私傳工業級純天然威尼斯風味義大利麵醬隆重問世，保羅攜珍妮・華德齊聲高唱義大利麵歌。
- 紐曼私傳沙拉醬達到一百萬元利潤，悉數捐做慈善用途。
- 一九八四年七月：借西港歷史學會舉辦媒體餐會，紐曼私傳老式電影爆米花隆重上市。保羅協同茉莉及爆米花小姐，唱出對爆米花的盛讚。

- 一九八四年利潤：捐贈慈善機構的款項逾兩百萬美元。紐曼私傳共售出一千八百七十萬五千五百五十五瓶沙拉醬，以及八百三十七萬一千七百二十六罐義大利麵醬。利潤迄今總計約四百萬元，每一分錢都交給當之無愧的慈善機構。
- 一九八五年二月：另一項紐曼私傳商品爆破登場——紐曼私傳微波爆米花。
- 一九八六年九月：保羅・紐曼勾勒出一個專屬的慈善機構——一個服務癌症病童的營區。一九八六年十二月，牆上窟窿幫營地破土動工。
- 一九八七年八月：珍妮・華德透露她們喬治亞家族七代以來戰戰兢兢嚴防外洩的秘方，紐曼私傳老式路邊攤處子檸檬汁於焉誕生。紐曼大爆驚人內幕：此檸檬汁可以恢復童貞！科學家莫不目瞪口呆。
- 一九八七年：捐出五百萬元給慈善團體；捐款迄今累積到一千五百萬元。
- 一九八八年六月二十九日：牆上窟窿幫營地在康乃迪克州愛許福鎮落成開幕。
- 一九八九年：紐曼私傳榮獲康乃迪克州州長頒發社會責任桂冠獎。
- 一九八九年：捐出七百萬元給慈善團體；捐款迄今累積到兩千八百萬元（其中九百五十萬元捐給牆上窟窿幫營區使用）。

- 一九八九年：紐曼私傳獲經濟重點委員會頒發慈善捐贈獎。
- 一九九○年：兩項新商品初試啼聲：紐曼私傳輕口味義大利沙拉醬，以及辣味的班迪托狄亞洛義大利麵醬。
- 一九九一年：一批新商品大舉上市：紐曼私傳薩爾薩醬、輕口味微波爆米花及田園沙拉醬。
- 一九九一年六月：紐曼私傳與《好當家》雜誌聯合舉辦第一屆食譜競賽，提供逾十萬元獎金捐給得獎者屬意的慈善機構。
- 一九九三年：配合查爾斯・伍德的計劃，紐曼協助在紐約盧勝湖附近創辦姊妹營區——雙工字型林中窟窿農莊。
- 一九九三年四月：保羅及哈奇榮獲哥倫比亞大學頒發羅倫斯文恩傑出慈善事業特殊榮譽獎。
- 一九九三年六月：紐曼被封爲一九九三年南英格蘭地區年度企業家社會責任楷模。
- 一九九三年十月：美食金像獎——紐曼在第三屆紐曼私傳暨好當家年度食譜競賽中，頒發超過十七萬五千元的獎金給得獎者。

- 一九九四年三月：紐曼贏得個人第三座金像獎——瓊赫斯特人道金像獎，此乃基於他透過紐曼私傳食品公司捐出逾五千六百萬元慈善捐款，以及他個人對慈善公益活動的投入。
- 一九九四年三月：紐曼陪同諾曼·史瓦茲柯夫將軍，參加第三個幫派營地的破土大典——佛羅里達州湖鄉的沼溪幫營地。
- 一九九四年四月：紐曼私傳義大利麵醬大軍之第五項產品——龐波莉娜（又名「義大利麵難以忘懷的親密伴侶」）——問世。三個月後，紐曼披上羅馬外袍，釀出純天然沙拉醬商品線的最新產品——凱撒沙拉醬。標籤上印著保羅扮的凱撒，以大理石半身像呈現。
- 一九九四年九月：捐出二十萬元給美國紅十字會盧安達救援基金，爲數千難民提供補給品及其他必要援助。
- 一九九五年一月：紐曼宣佈一九九四年的慈善捐款達六百萬元之譜——那是紐曼私傳稅後利潤的百分之百。公司創立至今，總捐款額已近六千兩百萬元。
- 一九九五年四月：支援《美國週末》雜誌的「就從今天起」活動（此爲一年一度的

社區服務活動，參與人數超過上百萬人），紐曼允諾捐出十萬元獎金，分發給前五十名榮譽獎得主，藉以表揚他們的義務性服務。

- 一九九五年五月：紐曼獲得詹姆斯比爾德年度大會頒發的一九九五年年度人道獎。該獎項旨在褒揚透過實際行動，或透過推動食品飲料界協助弱勢族群的風氣，藉以彰顯人道精神的人士。
- 一九九五年六月：位於巴黎外圍三十五英里處、緊鄰楓丹白露，坐落在三百英畝的田野與林地之上的**L'Envol**，成了營區家族的最新成員。
- 一九九六年十月：紐曼在第六屆紐曼私傳暨好當家年度食譜競賽中，頒發超過三十萬元的慈善獎金給得獎者。競賽不受場地——洛克斐勒中心——遭祝融之災所影響，照常舉行。
- 一九九六年十一月：「說起司」（五種起司義大利麵醬）加入紐曼私傳純天然義大利麵醬大軍，特色是五種起司口味——藍紋乳酪、巴馬乾酪、羅馬乾酪、愛亞格乳酪和帕瓦隆起司——融入以新鮮蕃茄、白酒和特級橄欖油調配的基底。
- 一九九六年十二月：葡萄香醋沙拉醬的特色是以菜籽油和特級橄欖油爲基礎，再加上風味獨特的陳年葡萄香醋。

- 一九九七年六月：紐曼私傳如今行銷國際，市場遍及日本、加拿大、香港、法國、德國、斯堪地那維亞、冰島及巴西，在英國及澳洲亦設有工廠。
- 一九九八年一月：紐曼私傳牛排醬問世，標語是：「十牛九愛……拿我們的名譽掛保證。」紐曼私傳那一幫人正試著讓第十頭牛改變心意。巴黎式第戎萊姆沙拉醬帶著如下的警告上市：「可能產生意想不到的浪漫效果」。
- 一九九九年一月：紐曼私傳首創「一統義大利的沙拉醬」——新家傳義大利口味；這是一種融入羅馬乾酪的香醋油沙拉醬。
- 一九九九年四月：保羅·紐曼因應科索沃的地震災變，捐出二十五萬元援助災民。
- 二〇〇〇年六月：牆上窟窿幫營地協會成立，作爲聯合牆上窟窿幫營地家族的一張大傘。
- 二〇〇〇年四月：保羅·紐曼與歐普拉及亞馬遜網路書店的傑夫·貝佐合作，設立「善用生命」獎項。這是一個全年性的全國慈善計劃，旨在尋找創新的草根性慈善機構，並爲其提供五萬元資金。紐曼在這項計劃中，前後共捐出六十萬美元。

• 二〇〇一年一月：推出巴馬乾酪蒜香沙拉醬，紀念一對命運多舛的戀人——羅密歐・巴馬諾王子及茱麗葉・蒜可小姐。
• 二〇〇一年六月：保羅・紐曼、福特汽車公司和美國第二豐收聯手打擊美洲農村的飢荒。他們總計捐出十四輛卡車（載滿紐曼私傳商品）給農村糧食庫。
• 二〇〇二年四月：紐曼私傳推出三種新的沙拉醬：新口味的兩千島（比別牌多出兩倍島嶼）、巴馬乾酪義大利風味，以及紅酒醋橄欖油沙拉醬。
• 二〇〇二年：在紐曼的帶領之下，牆上窟窿幫營地協會與奧卡萬戈野生狩獵園及摩卡洛地自然保護區合作，展開試行計劃，為波札那及納米比亞的愛滋兒提供野營經驗。
• 二〇〇二年十二月：紐曼私傳在二〇〇二年刷新捐款紀錄——業績一億零九百萬元、利潤一千兩百三十萬元，總捐款如今累計一億三千七百萬元。
• 二〇〇四年春：彩繪烏龜營在加州休斯湖開幕。
• 二〇〇四年夏：勝利交叉點營在北卡羅納州蘭德曼鎮開幕。
• 二〇〇五年：約旦河村落——一個為特殊兒童設立的特殊營地——將建於以色列北

部，俯瞰加利利海。這將是中東地區，第一個專爲罹患致命及長期疾病的兒童創立的永久性營地。

牆上窟窿幫營地協會法人組織　補充資料——二〇〇二

服務國家與省份一覽表

沼溪幫營地
佛羅里達州尤思特斯市

哥倫比亞特區
佛羅里達
喬治亞
緬因
密西西比
紐澤西
紐約
北卡羅來納
賓夕法尼亞
猶他
威斯康辛

雙工字型林中窟窿農莊
紐約州盧勝湖

康乃迪克
德拉威
佛羅里達
印第安那
緬因
麻薩諸塞
新罕布夏
紐澤西
紐約
賓夕法尼亞
田納西
佛蒙特
加拿大
瑞士

L'Envol
法國

法國
盧森堡
西班牙

非洲計劃

波札納
南非
坦尚尼亞
尚比亞

牆上窟窿幫營地
康乃迪克州愛許福鎮

亞利桑那
科羅拉多
康乃迪克
德拉威
哥倫比亞特區
佛羅里達
喬治亞
伊利諾
堪薩斯
緬因
馬里蘭
麻薩諸塞
密西根
明尼蘇達
北卡羅來納
新罕布夏
紐澤西
紐約
俄亥俄
俄克拉荷馬
奧勒崗
賓夕法尼亞
羅德島
南達科塔
田納西
德克薩斯
維吉尼亞
西維吉尼亞
加拿大
德國
愛爾蘭
英國

貝瑞茲鎮幫營地
愛爾蘭

奧地利
白俄羅斯
塞普勒斯
捷克共和國
丹麥
芬蘭
德國
希臘
匈牙利
冰島
愛爾蘭
挪威
波蘭
葡萄牙
喬治亞共和國
俄羅斯
西班牙
瑞典
瑞士
英國
美國

協會之營區所服務的兒童共來自三十一州（美國）及全球二十八國。

牆上窟窿幫營地協會法人組織 補充資料——二〇〇二

服務的疾病範疇

沼溪幫營地
佛羅里達州尤思特斯市

氣喘
癌症
顱面疾病（僅供休養）
糖尿病（僅供休養）
癲癇
心臟／心血管疾病
血友病
HIV／愛滋病
腎臟病
風濕
鐮狀細胞貧血症
脊柱分裂症（僅供休養）
需靠呼吸器維生之各項病症（僅供休養）

雙工字型林中窟窿農莊
紐約州盧勝湖

癌症
白血病
鐮狀細胞貧血症
血友病
HIV／愛滋病
神經肌肉病症（如CP、肌肉萎縮、脊柱分裂、關節彎曲）
地中海貧血症
其他血液疾病
毛細管擴張失調症
先天性心臟病
高雪氏症
特發性血小板低下紫斑症
類血友病

牆上窟窿幫營地
康乃迪克州愛許福鎮

- 癌症
- 鐮狀細胞貧血症
- HIV/愛滋病
- 血友病
- 地中海貧血症
- 其他血液相關疾病
- 「失怙疾病」（如黏多醣貯積症；〔譯註：Orphan diseases意指沒有公司主動研發治療藥物的罕見疾病〕）

服務範圍超過三十種疾病類型。

貝瑞茲鎮幫營地
愛爾蘭

- 癌症
- 血液相關疾病
- 貧血症
- 地中海貧血症
- 血友病
- 腎臟相關疾病（包括腎臟移植）
- 免疫不全症
- HIV/愛滋病
- 免疫蛋白IGG、IGA不全

L'Envol歐洲兒童營
法國

- 白血病
- 腎缺陷、腎病
- 固態腫瘤
- 肝炎、肝移植
- 淋巴瘤
- 心臟缺陷
- HIV/愛滋病
- 其他血液疾病（發育不全）
- 鐮狀細胞貧血症
- 器官移植
- 先天免疫不全
- 基因疾病
- 糖尿病
- 其他
- 囊胞性纖維症
- 關節問題（ACJ、紅斑狼瘡）
- 消化系統疾病（克隆氏症）
- 血友病
- 普拉德威利症候群
- 母斑症（韋伯氏、布訥維爾氏、豪森氏）
- 新陳代謝疾病（PCU、肝醣儲積症）
- 地中海貧血症

FROM THE CAMPERS

營隊學員來信

我叫做梅樂麗·塞爾，參加牆上窟窿幫夏令營已有七年之久。我今年十六歲，妹妹梅西和我都罹患一種極爲罕見的消化性疾病，叫做微絨毛倒生疾病（Microvillous Inclusion Disease）。家母是這麼解釋的：腸道小絨毛上的小絨毛——也就是所謂的微絨毛——向內生長，導致我們無法妥善消化食物，因此需要每天十二小時，以直接輸入血管的管線攝取一日所需之營養。

和任何正常孩子一樣，我一直希望參加道地的、可以過夜的夏令營，但是沒有一處營地願意承擔如此密集而陌生的醫療責任。爲了保護永久性的靜脈管線，我們需要在洗澡和游泳時穿著特殊服裝，而這套衣服必須在每次洗澡或游泳後立即換洗。所有提供特殊醫療服務的營地，都只限於服務癌症或糖尿病患者。最後，在我對母親表示寧可罹患癌症好參加夏令營之後，我們發現了這個筆墨難以形容、好得不得了的地方，叫做「牆上窟窿幫營地」。

營隊裡有那麼那麼多了不起的人，我覺得自己就像大家庭裡的一份子！眞高興那兒有護理人員幫忙提供醫療服務，讓我感覺就像在家裡一樣。我能夠放心將一切醫療需求交給他們處理，我知道他們總會安排妥當！

參加營隊讓我明瞭，我並非世上唯一一個有病的人，而疾病並不是需要隱瞞的事，反之，應該要接受它成為你的一部份。營隊生活還賦予我機會，讓我攀爬一座三十五呎高的牆，在牆頂上緊鄰著父母親的簽名處簽下自己的名字；那是他們在家長日爬牆時留下的紀念。今年暑假，我最後一次以學員的身分爬牆，我不僅對父母寫下最後一段留言，也為過幾年將攀爬此牆的妹妹梅西寫了一段話。這是一次多麼令人心情激盪的經驗啊！俯瞰每一位幫助你登頂的人，閱覽曾攀登頂峰、和你有過相同經驗的人留下的話及簽署的名字。每次攀登牆頂，我總是忍不住泫然淚下。

◇

血友病病童的心理狀況，或許是人們對此疾病誤會最深的層面之一。老師、憂心的父母、家族世交和親戚，總是不斷想起並留意血友病理應造成的限制。而我一心所想的，就是像個正常孩子般地長大。然而，我想當個正常人的慾望，其實算不上是一個眞正的慾望。我根本就忘了自己有血友病。當生命中出現什麼限制或障礙，我就想辦法繞過它、跳過它，或乾脆筆直地穿越它。

到了青少年時期，我幾乎忘了自己得活在血友病框架下的事實。血流不止、冗長的醫院治療和疼痛，全都融入我的生活，讓人忘了它們的存在。在這一生中，我只能想起一次積極擁抱血友病、與它前嫌盡釋，並且在正面環境中認識其他和我有相同處境的人的經驗。我希望日後對血友病患者，也能付出如同此番經驗的回饋。

牆上窟窿夏令營是我此生有關血友病的經驗中，最積極正面的一次。營隊介紹我認識其他患有血液疾病的孩子，給予我們互動交往、攜手挑戰生理極限的環境。我們從未眞正就大夥兒共通的病痛進行討論，而是透過活動及互動，與疾病達成和解，明白自己可以克服任何極限。營隊無疑是我生命中最正面的經驗之一。

我誠摯盼望並計劃在未來生命中，經常到此類營區提供義務性服務。這兒許多輔導員及志工，對我的生命產生極其正面的影響，效力綿延至今。我在家裡下意識地將血友病深埋於心中，然而這些人幫助我成功地面對它。我希望能夠影響並幫助其他血友病患者，如同我曾經受過的幫助一般。

——湯瑪斯·盧索曼諾

◇

對於你們允許我入營，心中的感謝之情，實在不勝言語。人們常說「度過生命中最精采的時光」，但在嚐過營隊經驗之前，這句話其實有待商榷——那眞的是我生命中最精采的日子。我已經病了四年半，去年參加營隊，是我生命中最美好的一次機會。眞高興和其他每天吃藥、偶爾打點滴的人相處，我們擁有諸多共通之處。另一項值得一提的營隊經驗，就是讓我覺得安全和自由。起初，離家一星期這件事讓我有點緊張不安，但經過頭一天之後，我覺得這兒就像家。身處於營隊之中，就像身處於一個沒有任何紕漏的世界，我就像小鳥一般自由；而那是一種非常美好的感覺。你們對我及其他所有學員所做的，是人世間最偉大的事，如今，我就是天底下最感恩的人。我愛你們。

——凱蒂・葛南

◇

我的名字是凱莉・佛伊，七歲起就開始對抗癌症。我被診斷患有急性淋巴性白血病。我的臉色蒼白，動不動就瘀血，一天到晚發燒。

我的療程在一九九九年十月結束，在那之前的夏天，我首度參加牆上窟窿幫營隊。眞棒啊！輔導員個個都可敬可佩，待我如同對待自己家人一般。二〇〇〇年，我第二次享受營隊生活，度過了生命中最美好的時光。

二〇〇一年五月，我發現自己舊疾復發。未來幾年還要進醫院打點滴的前景，一點兒都不叫人期待。我想，那是我生命中最消沉的一段日子。直到收到營隊申請函，心中再度嚐到許久未曾有過的喜悅。我連手帶腳合十禱告，期望能接獲入營許可。果眞如願以償！入營期間，我發起了高燒，護理人員試著滿足我的一切醫療需求，但我仍得轉送醫院接受進一步治療。離營前夕，美勞課輔導員凱文在我頭上畫了一頭藍色大丹狗（我的頭髮因化療而掉光了）。還好，我的康復情況良好，得以在營隊最後兩天回去參加活動，回去之後，大夥兒對待我的方式彷彿什麼事都沒發生過，我立刻和大家打成一片。儘管身體微恙，十分倦怠，我仍享受了一段眞正歡樂的時光。

我在一年以前，也就是二〇〇一年九月接受了骨髓移植，上個夏天第四度入營，再次享受生命中前所未有的美好時光。我對移植的骨髓產生了一些排斥現象，但我並未因此而少了幾分歡笑，這都得歸功於輔導員的幫忙。

牆上窟窿營地是我的第二個家，我無法想像從沒來過這裡會是什麼情況。臂膀上接連幾天插著針筒之後，營隊生活是我不可或缺的慰藉。在這整趟驚人的抗癌之旅，營隊生活是伴我度過旅程的最佳良方。

◇

我名叫喬登．曼，在一九九七年經診斷患有骨癌，當時我八歲。我必須接受化學治療和數度手術，我的右臀和右邊大腿都曾動刀。罹患癌症最糟的部分，是得困居於醫院之中，遠離你的朋友和家人。住院的唯一好處是認識許多新的朋友——他們其中一人告訴我關於牆上窟窿營隊的事。

在這兒的第一年夏天，我還在接受化學治療，頭頂光禿禿的，還得撐著枴杖。媽媽在最後一天前來接我時，我的枴杖已被營隊藝術家雪麗塗滿各種顏色。離營之後，每當我攜著枴杖前去醫院，人們一望就知道是我，也知道我曾是營隊學員。如果我沒帶枴杖，人們有時認不出我——我只不過是醫院裡另一名光頭小子。

營隊生活對我的意義深遠，因爲那實在太有趣了——我熱愛參加木工、美術及其他創意活動；我熱愛那裡的學員及工作人員。一天晚上，我的心情很糟，非常想念媽媽，輔導員帶我走到木屋外圍聊天、仰望星空。我們看到了一顆流星。我知道上帝派給我那顆流星和我的輔導員，讓我明白一切都會轉危爲安。

罹患癌症是一樁很糟糕的事，但那只不過是生命中的一部份，你必須擁有信心，並且試著克服。營隊生活是幫忙我做到這一點的助力之一。

◇

回顧我的生命，我見到多年的喜悅與痛苦，兩者都像陽光一樣穿透了進來。我認為，疼痛對我的生命產生了最深遠的影響，這些試煉提昇了我的內在與外在。這些年來，疼痛接管了我的心靈與身體，讓我覺得一籌莫展，彷彿自己是全天下唯一一個受這種痛苦的人。在牆上窟窿營隊介入我的生活之前，我每天都在這樣的牛角尖裡打轉。牆上窟窿營隊是我黑暗中的曙光、靜默時的音樂、人生迷宮的出口、哀傷時的喜悅、雨後的彩虹，以及我昨日的回憶與明日的夢想。營隊經驗徹底改變了我的生活，永遠將是我的一部份。我在這裡獲得了這麼多寶貴心得，並且從別人的經驗中學習。其中有些人……充實地度過每一天，朋友就像鑽石，珍貴而稀少，要學會珍惜他們、愛他們，才會懂得分享的眞諦。我希望有一天能回到這裡擔任輔導員，希望把營隊賦予我的回饋出去，好讓其他人也能分享這份經驗。

——泰瑞莎·法蘭絲·費茲兒

◇

我的名字是愛莉莎・懷思。我在二〇〇〇年十二月二十七日歡度十三歲生日時，以爲自己擁有了一切——滿分的成績單、每星期練舞十二個鐘頭、代表舞蹈隊出賽。我的社交計劃排滿了典型的週末活動，像是看電影、逛街、到朋友家過夜。

那年冬天，我開始覺得疲憊、提不起勁。大家都對我母親說，青少年總是需要很長的睡眠，但她知道情況不只是這樣。我們基於發燒和其他類似感冒的症狀而多次進出小兒科診所，但他們以爲我不過是受到某種病菌感染。我以前向來是舞蹈隊中身體最好、最健康的舞者，但我幾乎無法完成一段三分鐘長的舞曲而不停下來喘口氣。

經過數星期檢驗，我接獲腫瘤科醫生的確定診斷：第四期結節性硬化症霍金氏淋巴癌。我有一個腫塊佔了胸腔的三分之一，導致我的食道彎曲，此外，肺部也佈滿上百個小腫瘤。情況比我預期的還糟糕，伊瑪米醫生說我已經病了很久了。

接下來幾次的醫院經驗，說恐怖還嫌保守了點，但我告訴自己，我必須保持積極的態度。由於我的癌症已到了後期，所以必須注射高效力的化學治療。我開始接受密集療程，身體幾乎沒有復原的時間，就得展開下一輪化療。醫院成了我離家之外的第二個家。

歷經數月治療，醫生終於在二〇〇二年二月六日正式宣佈完全剷除我的癌細胞！那個感覺眞好，但也非常恐怖。我不禁納悶，癌細胞是否會再度復發。

第一次回診時，腫瘤科義工莉莎問我是否有興趣參加牆上窟窿幫營隊。我毫不猶豫地跳上這個機會！

當我抵達營區，簡直不敢相信它竟是如此有趣，人們是如此友善活潑。我認識一些很了不起的朋友，他們克服了大部分孩子從未遭遇的艱難挑戰。眞高興能放鬆心情、享受時光，把一切苦痛拋到腦後——即便只是一星期而已。人們常說快樂的時光總是一閃即逝，但在牆上窟窿幫的日子似乎能永遠留存。

我相信曾和威脅生命的疾病奮戰過的人，最能懂得充實過日子的意義，而且能珍惜每一天。由於某些副作用，我的腿還過於衰弱，無法展開芭蕾舞的腳尖課程。我也得吃藥對付化療造成的副作用。可是至少我仍活著，還能走路。我發現眞正的朋友，是那些在你因治療而掉光頭髮、全身浮腫時還能愛你的人。我和家人的關係也變得更親密，因爲我們一起走過了這一段。對於未來人生，我想了很多，我知道自己會投身於幫助別人的工作，那是所有幫助過我的人所帶給我的啓示。

眞等不及明年再加入營隊！

◇

「你的孩子得了癌症」，這是幼童家長最害怕聽到的話。去年秋天，我的女兒卡洛琳剛入學就讀一年級，開學三個星期，就被診斷患有急性淋巴性白血病。當時，我知道我們將爲生命展開一場抗戰。我們所知的世界已徹底離去，所有正常作息也一去不復回。再也沒有小提琴課、合唱團練習或足球練習。再也不能在下課後跟玩伴一起遊戲——甚至連學校也不能去了。再也不能計劃週末出遊，或在繁忙的日常排程中找時間上市場買菜。心神移轉到新狀態——一種戰鬥狀態——之後，這些熟悉的日常作息甚至顯得瑣碎無聊。

就像許多幼童家長，我也經常注視孩子的雙眼，看到了未來——一片光明，充滿有待實現的希望與夢想。在她的診斷之後，我開始害怕注視卡洛琳的眼睛，我過於擔心瞳孔中的反射出現了變化。

整個療程中，我遇到許多勇敢的孩子，他們跟卡洛琳一樣，都被剝奪了正常的童年。這些孩子教導我尊重生命，讓我明白生命何其脆弱。他們具備的決心和毅力，實在教人嘆爲觀止。他們或許在跟生命搏鬥，但他們仍是小孩，擁有和其他孩子相同的渴望。他們的夢想是眞實的，而他們的雙眼仍勇敢地望向未來——一片光明，充滿希望，只不過這些孩子還得面對一些轉折，沒什麼是絕對保證的。

對我個人而言，今年是一次非常謙卑的經驗。卡洛琳對治療的反應良好——但我見過許許多多反應欠佳的孩子——其中許多人打輸了這場和癌症對抗的戰爭。這些孩子讓我認識一個全新的世界——一個並非建立在憐憫與絕望之上，而是以勇氣爲基礎的世界。我相信你們和這些孩子一同工作，一定也見識過他們的力量，他們的希望，以及他們在獨自奮戰的過程中對彼此的深切尊重。癌症塑造了他們的生命，諷刺的是，病痛讓他們擁有超乎年齡的堅強和成熟。這正是你們的營隊所賦予他們的。慶賀、承認、接納，不質問原因。

我對天使的信仰已日漸加深，去年一年當中，我就認識許多值得頭頂光環的候選人。我相信你們已贏得了翅膀。對於每一個幸運參加營隊活動的孩子來說，你們慷慨賦予的生活與生命之禮，是一件神奇的禮物，就像林中的仙子，將永遠活在這些孩子的夢中。

——辛蒂・沃福特

CARTOONS

漫畫

Out of Bounds
by Bill Rechin and Don Wilder
他們取消了保羅・紐曼的決賽資格，因為他在油槽裡灌進了沙拉醬。
© 1987 North America Syndicate, Inc. World rights reserved.

B.C.
BY JOHNNY HART
你建議送什麼禮物給擁有一切的傢伙？
擁有一切？
禮品建議處
…包括終身供應的保羅・紐曼義大利麵醬。
不鏽鋼圍兜兒如何？
禮品建議處

那是保羅・紐曼的新商品。

FROM NICOLE HOLLANDER
貓咪沙拉
3杯羅曼生菜。
（撕開，不要切。）
500尾蝦。
保羅・紐曼沙拉醬。
蝦

CONRAD
1984 Tribune Company Syndicate, Inc
All Rights Reserved
噢！老天爺哪！
哎喲！把燈關掉！
保羅・紐曼在更衣！

OUR EATERS WRITE

我們的食用者來函

親愛的P・布里岡多・紐曼：

最近讀罷艾文・奇曼博士就辛辣食物對肺充血及鼻竇毛病——我深為此毛病而苦——的研究之後，我決定試試你們的薩爾薩醬。我現在一星期食用好幾次你們的薩爾薩醬，覺得長年困擾著我的肺充血都消除了。奇曼博士的建議是對的。我是一個有心臟毛病的七十四歲老人，夜裡睡覺時，若壓著身體左側側睡，就會察覺到肺部充血。吃了幾天配上薩爾薩醬的起司和餅乾之後，結果真令人驚訝，我的左肺如今就像鐘聲一樣清澈。

祈祝順心，並感謝你們提供如此優異的商品，不僅讓人食指大動，還是個有效的良藥。

誠摯的J・B・

紐約州迪朗森市

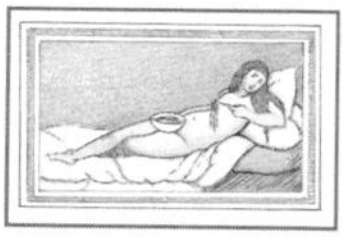

親愛的紐曼先生：

感謝你們提供了可以光著身子享用的殺個不留義大利麵醬。我們的文化一直無法在裸體與性慾之間劃清界線；你可以穿著衣服而顯得非常性感，也可以光著身子而不流露出任何性意味。

許多家庭終年居住此地，有些家庭則只在假期或夏日前來渡假。這兒不允許人們在住家以外的地方出現性行為。觸犯風俗的人會被要求將愛意侷限於擁抱或親吻，不許在其他人面前愛撫。

我想，你的興趣或許在於義大利麵世界中的另一個客群——一個享受浪漫、活得淋漓盡致的客群。

C．D．

北達科塔州法爾哥市

親愛的紐曼先生：

長久以來，我一直存著寫信給你的念頭，讓你明白你那美味的「保羅．紐曼」沙拉醬打從上市以來，就成了我們家的家庭必備品。事實上，我們只吃你的沙拉醬。即便我那四年前陷入昏迷即未曾甦醒的丈夫，也會在我餵他吃你的沙拉醬時抬一抬眉毛；他就是那麼喜歡你的沙拉醬。是的，你們的確讓一個家庭重拾歡樂，我願為此向你們道賀。

摯情的G．G．

德州布蘭諾市

致紐曼暨哈奇納：

我是個年事很高的老嫗，以為心裡早已古井無波，直到自己名符其實地被紐曼私傳橄欖油調醋沙拉醬絆了一跤為止。

多麼無憂無慮啊！即刻扔掉我的三光鏡片，加入一家死氣沉沉的健身房。

永遠相隨的J．D．

加州沙加緬度市

敬愛的閣下：

首先，我愛《刺激》這部片子。其次，你們還賣「龐迪多惡魔」醬嗎？我真的很喜歡它，可是有一天，不知怎麼就突然找不到了。我喜歡《江湖浪子》，但《金錢本色》就不怎麼好了。有一次，我在監獄裡過了一夜，我對獄卒說，我可以吃掉五十顆白煮蛋。他叫我閉嘴。我打賭保羅一定不喜歡李察·德瑞佛斯（譯註：Richard Dreyfuss，美國名演員，一九七七年因《再見女郎》一片榮獲金像獎影帝），我猜沒人喜歡他。

你的夥伴M·E·

奧勒岡州波特蘭市

親愛的保羅：

我是名六十七歲的修女（屬仁愛修女會），已經暗戀你三十年之久了。不過我得承認，我曾因丹尼神父而一時意亂情迷。

寫這封信的目的，是請你考慮從販賣美味沙拉醬、義大利麵醬和爆米花的所得當中，撥出一部份善款捐給我們設在喬治亞州莎凡納市的高中——聖文森學院。

我祈禱並靜待你的正面回應。我知道你不會絕情地把我撇在一旁，丟下我一無所有（就像丹尼對待康妮的方式）！

誠摯的B．W．修女

喬治亞州莎凡納市

親愛的保羅：

我找到一個方式，可以在我們舊金山這兒的Safeway超市迅速穿過結帳隊伍，一切都得歸功於你。

我拿了一罐你的沙克魯尼義大利麵醬，打算做些蟹肉海鮮燴麵。話說，我在排隊結帳時讀著罐上標籤，忍不住捧腹大笑起來。突然間，人們紛紛挪到其他結帳隊伍——就像摩西將紅海一分為二那樣。

為此說聲謝謝你

G．M．

加州舊金山市

親愛的紐曼先生：

我名叫瑪西，我讓我家那口子打這封感謝函給你。昨晚，我家那口子首度拿你的義大利麵醬煮麵給他自己吃。和平常一樣，我只能吃剩的，但是，哇，我那眼睛比腦子大的寶貝蛋，竟然煮了太多份量，事實上，多到讓我可以享用一大盤。那是我嚐過最美味的醬料。我開始吃了起來，首先舔乾淨所有醬料，接著吃光每一根義大利麵，根本停不下來。好得就像一隻自鳴得意的貓。噢！原諒我打這樣的比方。

再度致謝

瑪西

德拉威州多佛市

又及：你是否可能推出加了碎老鼠肉或鳥肉的醬料？算了，食品暨藥物管理局恐怕無法接受。

親愛的紐曼先生：

我真的很喜歡您的義大利麵醬，媽媽總是買你們的牌子，尤其是你們的殺個不留麵醬。您的工廠是否需要一隻很會抓老鼠的虎斑貓，讓牠追捕遊蕩進來的野老鼠？如果工廠不需要的話，您家裡是否需要一隻？這件事有點緊急，請您盡快回信。對了，媽媽想知道您在家是否煮菜，還是您的夫人負責煮的？

非常感謝。

誠摯的H．W．

維吉尼亞州圓丘市

親愛的保羅：

我在Vons超市的垃圾桶翻箱倒櫃時，發現一箱您的義大利麵醬，其中一罐摔破了，弄髒了其他罐頭，整批醬料就這樣進了垃圾箱。我本打算只拿兩罐最乾淨的，因為看到它們是起司口味的，恐怕不太好吃。然而我還是全帶回家，把它們洗乾淨，這麼多星期以來吃得不亦樂乎。我可以告訴你，從第一罐到最後一罐滋味一樣好。真是天賜之福！

謝謝你

D．D．

加州比夏市

敬愛的大人閣下：

致函之目的，乃是關於紐曼私傳處子檸檬汁。我是個拍賣會主持人，偶爾在工作時會出現喉嚨乾燥、生痰，導致聲音沙啞的現象。發生上述狀況致使聲音沙啞時，除了處子檸檬汁之外，沒有其他方法可以化痰解渴。它切穿喉嚨，立刻清除沙啞的聲音。你應該在標籤上註明——化痰解渴。

不勝感激，L．E．

紐約寇特蘭市

親愛的紐曼先生：

我今年十三歲，我發現我真的好喜歡你的橄欖油調醋沙拉醬。它不像其他沙拉醬那樣讓我媽媽胃酸倒流，讓我胃痛，讓我爸爸尿意頻頻。我爸爸艾德說，他發現自己上洗手間的次數比以前少。以上都是實話，你得相信我，我沒撒謊。

S．B．

紐澤西州東溫莎鎮

親愛的勞勃．瑞福：

嗨，我的名字叫做穆奇，今年十二歲，我非常喜歡你。你可以寄一張相片給我嗎？

我好喜歡你的沙拉醬，有時候放入冰塊直接喝它，味道比你想像的要好。你有沒有想過推出脫水烤雞，人們買回家只要加水就可以吃了？我知道我就會買這樣的產品。如果你需要更多點子的話，請寫信給我。大家都說我是個創意天才（儘管我還得再讀一次六年級——哎呀，這又算得了什麼。）你聰明嗎？你從前是個好學生嗎？

再見囉

M．L．

馬里蘭州貝塞斯達市

WINNING RECIPES

紐曼私傳暨《好當家》雜誌得獎食譜

六人份

凱塞迪雞肉串配日舞小子義大利肉飯

凱塞迪雞肉串材料

2磅去骨去皮雞胸肉，切成兩吋丁或片

醃料

1杯紐曼私傳橄欖油調醋沙拉醬
2茶匙嫩薑，磨成泥
2茶匙新鮮蒜泥
$\frac{3}{4}$茶匙辣椒（依口味酌量使用）

日舞小子義大利肉飯材料

3杯剛煮好的orzo義大利麵飯
（$1\frac{1}{3}$杯生麵依包裝指示烹煮）
1杯紐曼私傳橄欖油調醋沙拉醬
$\frac{1}{3}$杯濃縮柳橙汁
$\frac{1}{2}$杯薄荷末
2茶匙辣油（依口味酌量使用）
1茶匙薑末
$\frac{1}{2}$杯切碎的杏桃乾
1杯醋栗（Currant）
1杯杏仁，烤過
1杯油浸蕃茄乾，切碎
1大顆青椒，去籽切丁
1杯紅洋蔥末
1杯塊狀的羊奶乾酪（可略）
柳橙薄片供裝飾用
薄荷枝供裝飾用

將雞肉放入玻璃器皿或其他不會產生化學反應的大碗，將醃料調勻淋到雞肉上，翻面以均勻入味。蓋上蓋子，放入冰箱，至少冰五個鐘頭，或放過夜，偶爾翻面。將十二根木頭串燒棒放入水中，浸泡十五分鐘。取出醃料中的雞肉，串入泡好的木頭串燒棒。擱一旁待用。

義大利肉飯做法：將麵飯放入大碗中。取另一個碗，調勻沙拉醬、濃縮柳橙汁、薄荷、辣油和薑末。將醬料淋到麵飯上拌勻，加入剩餘材料，輕輕攪拌。蓋上蓋子，置於室溫之下，等肉串烤好。

將烤盤或燒烤器預熱，準備上桌前，將肉串放入烤盤或燒烤器上，兩面各烤五到六分鐘。

麵飯裝盤，將烤好的雞肉串放到麵飯上頭，以美觀的方式排好，最後以柳橙片和薄荷枝裝飾盤面。

方形玉米煎餅配薩爾薩醬

四到六人份

1杯黃色玉米麵粉
1茶匙辣椒粉
4杯水
1茶匙鹽巴
1杯（4盎司）磨碎的蒙特瑞杰克起司
1罐4盎司的罐裝綠色辣椒，瀝乾切碎後再拍乾
$\frac{1}{4}$杯新鮮香菜，切成末
6茶匙沙拉油
1罐11盎司裝的紐曼私傳多料薩爾薩醬（小辣、中辣或大辣）

在一個15×10×$\frac{1}{2}$吋的烤盤上抹油。

把玉米麵粉加辣椒粉放入小碗中，擱一旁待用。在大鍋中放入水及鹽巴，以中火煮滾。將摻了辣粉的玉米麵粉灑入滾水中，一次放入四分之一杯，持續以木頭湯杓攪拌，直煮到湯濃，大約需要十分鐘。拌入起司、辣椒和香菜。將麵糊均勻放到準備好的烤盤上，放入冰箱，直到徹底冰透。

將煮好的玉米麵糊切成十五個3×$3\frac{1}{4}$吋的方塊。在一個大型不沾鍋裡倒入2茶匙沙拉油，以中大火加熱。將五塊冰玉米麵糊放入煎鍋，翻面一次，直煎到兩面呈金黃色，大約需要八到十分鐘。取出放盤。以同樣方式和剩餘沙拉油繼續煎玉米糊方塊，每次煎五塊。

淋上薩爾薩醬，趁熱上桌。

四人份

柳橙薩爾薩奶油淋雞

4茶匙無鹽牛油，放在室溫下待軟
4茶匙紐曼私傳龐迪多薩爾薩醬
（小辣、中辣或大辣）
1茶匙柳橙皮碎末
$\frac{1}{2}$杯麵粉
$\frac{1}{2}$茶匙鹽巴
$\frac{1}{4}$茶匙辣椒
4片對半剖開去骨去皮的雞胸肉
$\frac{1}{4}$杯新鮮柳橙汁
2茶匙沙拉油
柳橙切片供裝飾用

利用食物處理機攪拌牛油、薩爾薩醬和柳橙皮，直到呈現均勻平滑狀。將調勻的牛油放到塑膠膜上，捲成圓桶狀。包緊後冰凍。

在盤中放入麵粉、鹽巴和辣椒拌勻。

雞片沾柳橙汁，再沾上調味麵粉，然後抖掉多餘麵粉，一次一片。丟掉剩餘的柳橙汁和麵粉。

在大型的不沾煎鍋中倒油，以中大火加熱。放入雞片煎煮，翻面一次，直到熟透並呈金黃色，大約七到八分鐘，視肉片厚度而定。放入餐盤中。

將凍好的柳橙奶油切成四塊，一片雞肉上放一塊。以柳橙片裝飾盤面，趁熱上桌。

六人份

鮮蝦燻腸克里奧耳燴飯

- 2茶匙無鹽牛油或瑪琪琳
- 2根芹菜莖，切碎
- 1顆中型黃椒，切碎
- 1大顆黃色洋蔥，切碎
- $\frac{3}{4}$磅波蘭蒜味燻腸，切片
- 1瓣大蒜，剁成末
- $1\frac{1}{2}$杯蜆汁
- 1杯紐曼私傳龐波莉娜（蕃茄加新鮮羅勒）義大利麵醬

香料

- 1片乾月桂葉
- $\frac{1}{2}$茶匙乾百里香葉
- $\frac{1}{2}$茶匙乾羅勒葉
- $\frac{1}{2}$茶匙鹽巴
- $\frac{1}{2}$茶匙白胡椒粉
- $\frac{1}{4}$茶匙辣椒粉
- $\frac{1}{4}$茶匙黑胡椒粉
- 1磅中型蝦子，剝殼洗淨。
- 3杯熱飯（以1杯米依包裝指示烹煮）

在12吋的煎鍋中，以中大火加熱牛油或瑪琪琳。加入芹菜和黃椒，煸炒八到十分鐘，炒軟後取出，擱一旁待用。將洋蔥和波蘭蒜味燻腸放入煎鍋中，煸炒十分鐘，最後拌入蒜末，再炒三十秒。

加入蜆汁、醬料和所有香料，煮到滾開，蓋上鍋蓋，小火悶煮五分鐘。放入蝦子，煮二到三分鐘，直到蝦子完全不透明。加入準備好的芹菜黃椒，加熱煮透。揀出月桂葉丟掉。

上桌前，將熱飯乘到淺淺的大湯碗中，淋上克里奧耳式的鮮蝦燻腸燴料。

滿溢胡桃的巧克力塔

十二人份

塔皮材料

$\frac{3}{4}$杯（$1\frac{1}{2}$條）牛油，放軟待用

$1\frac{1}{2}$杯多用途麵粉

$\frac{1}{3}$杯細砂糖

胡桃巧克力餡料

兩條3盎司的紐曼私傳有機巧克力棒（原味或添加橙油的甜味黑巧克力），剝成小片。

$\frac{3}{4}$杯重奶油或發泡奶油

1包$9\frac{1}{2}$盎司的焦糖，拆開包裝

$1\frac{1}{2}$杯胡桃，烤過之後切大塊

烤箱預熱至華氏375度。

準備塔皮：將製作塔皮的所有材料放入食物處理機中，以間歇性動作攪打，直到形成濕潤的小碎塊。將碎塊灑在可拆卸盤底的9吋塔盤，壓平碎塊，使它們黏著在一起，覆蓋塔盤的整個底部及側邊，形成一大塊塔皮。拿叉子隨意在整個塔皮上戳洞。以錫箔紙蓋住塔皮，在上面放置重物，例如乾豆類或生米。烤25分鐘，拿掉錫箔紙和鎮皮的重物，再烤15到20分鐘，直到表面呈金黃色。塔皮如果局部膨起，就以湯匙背壓平，然後以錫箔紙略為蓋住比較焦黑的部分。

準備胡桃巧克力餡料：將巧克力及$\frac{1}{4}$杯奶油放入1夸脫的平底深鍋，以中小火加溫。適度輕攪，直到巧克力融化。取出2茶匙巧克力溶液擱置一旁待用。將剩餘巧克力溶液均勻倒入放涼的塔皮上，放入冷凍庫靜置20分鐘。

將焦糖及剩餘$\frac{1}{2}$杯奶油放入2夸脫大小的平底深鍋，以中小火加溫，經常攪拌，直到焦糖融化，溶液呈現均勻平滑的狀態。拌入胡桃，然後迅速將焦糖溶液放到塔盤中的巧克力層之上，均勻抹平。取另一個小型平底鍋，以小火加溫，放入待用的巧克力溶液，煮1到2分鐘，持續攪拌直到融化，或者微波10秒鐘。利用叉子沾巧克力溶液，在塔上灑出之字型圖案。上桌前至少冰凍1個鐘頭。未吃完的塔必須放入冰箱冷藏。

四人份

檸檬芥末雞

- 4片對半剖開去骨去皮的雞胸肉
- 1杯紐曼私傳老式路邊攤處子檸檬汁
- $\frac{1}{4}$杯新鮮的麵包屑
- $\frac{1}{4}$杯切碎的胡桃或核桃
- 1顆雞蛋
- 5茶匙芥末籽
- 沙拉油供油炸用
- 3到4茶匙核桃油或$1\frac{1}{2}$茶匙深色芝麻油
- $\frac{1}{2}$杯雞肉高湯
- $\frac{1}{4}$杯重奶油
- 鹽巴及磨細的黑胡椒供調味用

把雞肉放進檸檬汁醃1小時。瀝乾，留下檸檬汁，然後以紙巾將雞肉拍乾。

麵包屑和胡桃放入盤中拌均勻，拿另一個小碗輕輕打蛋，再拿另一個碗放入3茶匙芥末籽。

在雞肉上刷上芥末籽，沾蛋液，然後用力沾上混入胡桃碎片的麵包屑。不要蓋緊鍋蓋，冰2到3小時。

在大煎鍋中倒入$\frac{1}{2}$吋深的沙拉油和核桃油，加熱。放入雞肉煎煮，翻面一次，大約需要10到12分鐘。取出雞肉，放入餐盤，持續保溫。

煮雞肉的同時，將保留下來的檸檬汁、高湯和剩餘的2茶匙芥末籽放入小型的平底深鍋。沸騰後繼續以高溫烹煮，直到湯汁濃縮成$\frac{1}{2}$杯。加入奶油，繼續煮1分半鐘，直到煮透，略顯濃稠。以鹽和胡椒調味，淋在雞肉上，趁熱上桌。

四人份

小羊腿煉獄

4片羊腿肉（共約3到4磅）
鹽和新鮮研磨的黑胡椒少許
1/4杯麵粉
6茶匙橄欖油
1小顆洋蔥，切丁
2瓣蒜粒，切成末
1根胡蘿蔔，削皮切丁
3/4杯無甜紅酒
3/4杯牛肉高湯
1罐26盎司的紐曼私傳
　佛拉狄亞洛義大利麵醬
小枝荷蘭芹供裝飾用

烤箱預熱至華氏350度。

在羊腿肉上灑上鹽和胡椒粉，沾上麵粉；抖掉多餘麵粉。在5夸脫大小的荷蘭烤鍋（譯註：Dutch oven，一種專門的烤肉鍋）中倒入5茶匙橄欖油，以中溫加熱，放入兩片羊腿肉，烤至兩面焦黃後取出裝盤。重複同樣步驟，烤熟剩下的兩片羊腿肉。

刮乾淨鍋底焦黑的部分，把剩餘的1茶匙橄欖油倒入荷蘭烤鍋加熱，直到達到中高溫。加入洋蔥和蒜頭，炒到洋蔥變軟、透明。加入紅蘿蔔，續炒1到2分鐘。倒入紅酒，以高溫加熱，直到紅酒濃縮成一半的份量。加入牛肉高湯和義大利麵醬，煮開後立刻熄火。

把羊腿肉放進荷蘭鍋中，以湯匙淋上醬汁，然後密閉鍋蓋，烤2小時，或直至羊肉軟到叉子可以刺穿的程度。將羊肉從醬汁中取出，注意保溫。掠去醬汁中的油脂，視口味加入鹽巴及胡椒。

羊腿淋上醬汁，以小枝荷蘭芹裝飾後上桌。

八人份

漫漫長夏消暑檸檬蛋糕

- $\frac{3}{4}$杯去皮杏仁
- $1\frac{1}{2}$杯糖
- $1\frac{1}{2}$杯全麥麵包屑
- $\frac{1}{4}$茶匙泡打粉
- $\frac{1}{4}$茶匙肉桂粉
- 1茶匙檸檬皮碎屑
- 6大顆蛋的蛋清
- 1杯紐曼私傳老式路邊攤處子檸檬汁
- 2茶匙細砂糖

將烤架放到烤箱下層第三格，預熱至華氏350度。在9吋大小有彈簧裝置、可以分離底部的烤盤中抹牛油、灑上麵粉。

利用食物處理機絞碎杏仁及1杯糖。在中碗內拌入磨碎的杏仁糖粉、麵包屑、泡打粉、肉桂和檸檬皮。擱置一旁待用。

在大碗內，用電動攪拌器以高速打發蛋白及剩餘的$\frac{1}{2}$杯糖，直到蛋白呈現不流動的峰狀。將麵包屑混和物拌入打發的蛋白，然後倒入彈簧式烤盤，放入烤箱低層烤架，烤1小時。

同時，將檸檬汁放入鍋中以中高溫加熱，直到濃縮成一半的份量；大約需要10分鐘。

取出烤箱中的蛋糕，慢慢在熱蛋糕上淋上濃縮檸檬汁。讓蛋糕隨烤盤靜置於鐵絲網架上放涼。

上桌前，拿下彈簧式烤盤的四邊，在蛋糕面灑上細砂糖。

紐曼私傳爆米花什錦

十二人份

- 1包3.5盎司的紐曼私傳微波爆米花，天然口味
- 1杯烤過的鹹花生
- 1/2杯葡萄乾
- 1/2杯切碎的杏桃乾
- 1/3杯葵花子
- 1/2杯密實的紅糖
- 1/4杯牛油
- 2湯匙蜂蜜
- 1/4茶匙鹽巴
- 1/4茶匙泡打粉

烤箱預熱至華氏350度。在14×10吋的金屬烤盤上抹油。

根據包裝指示爆開微波爆米花，將爆好的玉米花倒入大碗中，加入花生、葡萄乾、杏桃乾和葵花子。拌勻後擱一旁待用。

在1夸脫的玻璃量杯中放入紅糖、牛油、蜂蜜和鹽。以高溫微波90秒，不要加蓋。拌勻後繼續以高溫微波30秒。此時，溶液應該已達沸騰；持續沸騰90秒。取出微波爐中的溶液，拌入泡打粉。將糖漿溶液倒入爆米花中，攪拌均勻。

將拌好的爆米花放入抹油過的烤盤。烤15分鐘，攪拌一次。取出烤箱，放涼，等爆米花變脆。放入密封罐中儲存。

冠軍義大利千層麵

八人份

- 1包8盎司的千層麵麵條
- 3根胡蘿蔔，切成1/4吋薄片
- 1杯綠色花椰菜
- 1杯綠皮西葫蘆（zucchini）片，切成1/4吋厚
- 1棵曲頸南瓜，切成1/4吋薄片
- 2包10盎司切好的冷凍波菜，解凍待用
- 8盎司義大利鄉村乾酪（ricotta cheese）
- 1罐26盎司的紐曼私傳蘑菇馬利納拉義大利麵醬，或紐曼私傳龐波莉娜（蕃茄配上新鮮羅勒）義大利麵醬
- 12盎司條狀的義大利白乾酪（mozzarella cheese）
- 1/2杯巴馬乾酪粉

烤箱預熱至華氏400度。在15×10吋的烤盤上鋪錫箔紙。

在6夸脫大小的鍋中，以高溫煮沸3夸脫的水。放入千層麵麵條，煮5分鐘。續放入胡蘿蔔，再煮2分鐘。加入青花菜、西葫蘆和曲頸南瓜，續煮2分鐘，或直到麵條變軟。完全瀝乾。

擠掉波菜所含水分，拌入義大利鄉村乾酪。將1/3罐馬利納拉醬倒入3夸脫大小的長方形烤盤盤底，然後鋪滿一半的千層麵麵條，再鋪上一半的各式蔬菜、一半的波菜乾酪，及一半的義大利白乾酪。接著再倒入剩餘醬料的一半，重複鋪放這幾層材料，最後淋上剩餘醬汁，在醬汁上灑滿巴馬乾酪。

運用準備好的烤盤烘烤千層麵，不需加蓋，大約烤個30分鐘，或等中央完全熱透。上桌前靜置10分鐘。

未烘烤的千層麵可以在冰箱中加蓋保存兩天。如果事先完成準備動作，並加以冷藏，則需以華氏350度烤1個鐘頭。

四人份

聖塔菲雞肉馬鈴薯沙拉

1罐8盎司的紐曼私傳家傳義大利式沙拉醬
1罐11盎司裝的紐曼私傳多料薩爾薩醬（小辣、中辣或大辣）
4片對半剖開去骨去皮的雞胸肉
8顆小型的新鮮馬鈴薯或4顆中型馬鈴薯
$\frac{1}{4}$杯水
4杯綠色沙拉什錦，例如生菜葉、波菜、菊苣、萵苣等等，洗淨、瀝乾，撕成一口大小
$\frac{1}{2}$顆大顆紅洋蔥，切薄片
1罐$15\frac{1}{4}$盎司的紅菜豆，洗淨瀝乾
1顆紅椒，切薄片
1顆黃椒，切薄片

沙拉醬及薩爾薩醬放入中碗內。將雞胸肉放入玻璃盤或可密封的塑膠袋，淋上$\frac{1}{2}$杯沙拉醬加薩爾薩醬醃料，雞肉翻面上色。蓋上盤蓋或封住塑膠袋，放入冰箱醃1個半到2小時。留下剩餘的沙拉醬加薩爾薩醬混和醬料。

把馬鈴薯及水放入2夸脫大小、可微波的盤子。用強微波煮8到10分鐘，或直到馬鈴薯煮軟；瀝乾，擱一旁待用。

將烤盤或燒烤器預熱，以中火烤炙雞胸肉，兩面各烤6到7分鐘。

烤肉同時，在四個餐盤中擺放綠葉沙拉。熱馬鈴薯及雞肉切片。將馬鈴薯、雞肉、紅菜豆、洋蔥和胡椒平均分配到四個餐盤中。

將沙拉醬加薩爾薩醬組合放入微波爐中，微波1到2分鐘。將醬料淋到綠色沙拉上，立刻上桌。

ACKNOWLEDGMENTS 謝誌

抱著對那些可能遭遺漏了的人的歉意，我們感謝以下這群慨然相助的人：羅伯特・佛瑞斯特、安迪・克羅利、吉米・坎頓、凱倫・艾倫、馬克思・遊仁達、愛德華・薩爾札諾、大衛・卡爾曼、克萊兒・潘克、達瑞思・沃茲、麥克・哈佛、瑪麗・哈潑、克麗絲頓・邁可卡美、羅貝塔・皮爾森、凱利・顧斯頓、湯姆・印鐸及維吉尼亞・萊瑟。

我們蒙提摩西・哈奇納的幫助最深，感謝他錄製的許多高技巧、發人深省的訪談。

我們也感謝雙日出版社史蒂芬・魯賓的支持與鼓勵，以及羅娜・歐文在編務上的合作。

至於我們的編輯兼出版人南・塔里斯，我們得特別一提她的勇氣、聰慧，以及與這兩名作者打交道時展現的過人耐心與包容。

國家圖書館出版品預行編目資料

保羅・紐曼、義大利麵醬，以及他的奇怪搭檔
／保羅・紐曼 (Paul Newman)，
哈奇納 (A. E. Hotchner) 著；黃佳瑜譯. -- 初版.
-- 臺北市：大塊文化，2004 [民 93]
面：　公分.-- (Touch : 39)
譯自：Shameless Exploitation:
In Pursuit of the Common Good
ISBN　986-7600-65-7 (平裝)

1. 紐曼私傳食品集團
（Newman's Own〔Firm〕）- 管理
2. 飲食業　- 美國

483.8　　　　93012352

105 台北市南京東路四段25號11樓

廣	告	回	信
台灣北區郵政管理局登記證			
北台字第10227號			

大塊文化出版股份有限公司　收

地址：□□□ ＿＿＿＿＿＿市／縣＿＿＿＿＿＿鄉／鎮／市／區

＿＿＿＿＿＿路／街＿＿＿段＿＿＿巷＿＿＿弄＿＿＿號＿＿＿樓

姓名：

請沿虛線撕下後對折裝訂寄回，謝謝！

大塊 LOCUS 文化

編號：TO 039　書名：保羅．紐曼、義大利麵醬，以及他的奇怪搭檔

大塊文化 讀者回函卡

謝謝您購買這本書，爲了加強對您的服務，請您詳細填寫本卡各欄，寄回大塊出版 (免附回郵) 即可不定期收到本公司最新的出版資訊。

姓名：＿＿＿＿＿＿＿＿ **身分證字號**：＿＿＿＿＿＿＿＿

住址：＿＿＿＿＿＿＿＿＿＿＿＿＿＿＿＿

聯絡電話：(O)＿＿＿＿＿＿＿＿ (H)＿＿＿＿＿＿＿＿

出生日期：＿＿年＿＿月＿＿日 E-mail: ＿＿＿＿＿＿＿＿

學歷：1.□高中及高中以下 2.□專科與大學 3.□研究所以上

職業：1.□學生 2.□資訊業 3.□工 4.□商 5.□服務業 6.□軍警公教 7.□自由業及專業 8.□其他＿＿＿＿

從何處得知本書：1.□逛書店 2.□報紙廣告 3.□雜誌廣告 4.□新聞報導 5.□親友介紹 6.□公車廣告 7.□廣播節目8.□書訊 9.□廣告信函 10.□其他＿＿＿＿

您購買過我們那些系列的書：

1.□Touch系列 2.□Mark系列 3.□Smile系列 4.□Catch系列 5.□tomorrow系列 6.□幾米系列 7.□from系列 8.□to系列

閱讀嗜好：

1.□財經 2.□企管 3.□心理 4.□勵志 5.□社會人文 6.□自然科學 7.□傳記 8.□音樂藝術 9.□文學 10.□保健 11.□漫畫 12.□其他＿＿＿

對我們的建議：＿＿＿＿＿＿＿＿＿＿＿＿＿＿＿＿

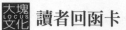

LOCUS

LOCUS

LOCUS

LOCUS